JMP 통계분석 총서 5

JMP를 이용한
판별분석/군집분석

최종후 · 전수영 지음

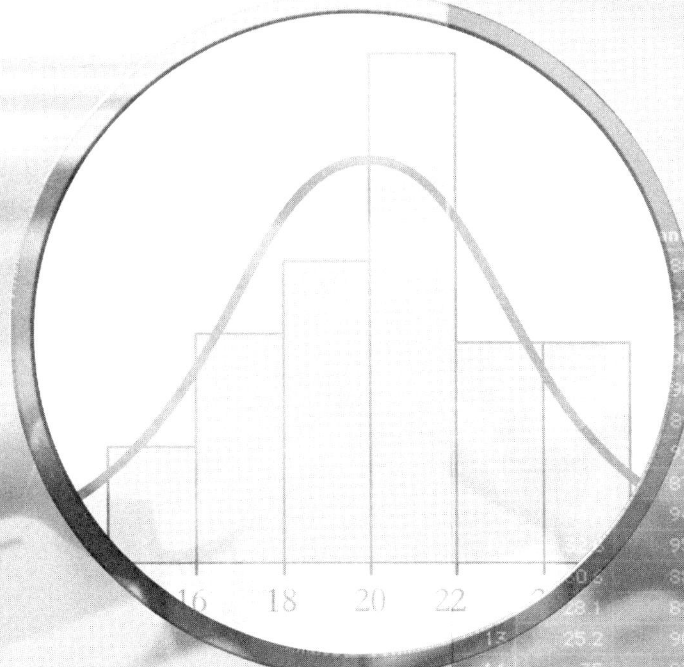

JMP 총서는 계속 발간 됩니다

教友社
KyoWooSa

책머리에

JMP는 1989년 10월 미국 SAS Institute에 의해 첫판이 발표된 통계분석용 패키지 프로그램이다. JMP는 비록 선형대수와 확률계산을 위해 SAS 시스템으로부터 개발이 되었지만 SAS 시스템의 한 부분이 아닌 독립적인 제품이다.

그동안 JMP는 여러 단계의 진화과정을 거쳐서 2011년 현재 9.0 버전에 이르고 있다. JMP의 특징은 데이터를 표현하고 분석하기 위해 통계자료와 그래프를 상호 연계한 그래픽 인터페이스를 이용하기 때문에 자료에 대한 최적의 해석을 내림과 동시에 가치 있는 새로운 정보를 발견할 기회를 증대시켜 준다. 이러한 점에서 사용자가 보유한 데이티로 유용한 통계분석 결과를 얻는데 있어서 JMP는 SAS를 포함 다른 어떤 통계패기지보다 우수한 소프트웨어이다. 따라서 본서는 JMP를 이용해본 경험이 없는 독자들도 매우 쉽게 배우거나 참조할 수 있는 참고서로써 유용하게 사용될 수 있을 것이다. JMP의 모든 문의사항은 홈페이지(http://www.jmp. com)를 참조해 주길 바란다.

이 책은 2004년『JMP 길잡이』가 나온 이후 敎友社에서 기획하고 있는 'JMP 통계분석 총서' 중 판별분석/군집분석 편이다. 『JMP를 이용한 판별분석/군집분석』은 제 1부 판별분석과 제 2부 군집분석으로 구성되어 있으며, 각 분석에 JMP 한글판 7.0.1 버전을 사용하고 있다. 또한 각부는 분석 방법에 대한 개요 및 개념, JMP를 이용한 데이터 분석, 이와 관련된 통계적 이론에 대한 몇 개의 장으로 이루어져 있다.

미흡하나마 'JMP 통계분석 총서' 중 판별분석/군집분석 편의 출판을 흔쾌히 맡아주신 敎友社 오판근 사장님을 비롯한 임직원 여러분께 감사드린다. 아무쪼록 본서가 JMP를 이용해 실제 자료의 판별분석/군집분석을 하고자 하는 독자들에게 유용하게 사용되기를 바란다.

2011년 辛卯年 7월

저자

차 례

1 판별분석

1.1 판별분석의 개요

판별분석을 하면 무엇을 알 수 있을까? 이것을 아는 것이 판별분석을 이해하기 위한 첫 걸음이 된다. 일반적으로 판별분석을 하면 몇 종류의 관측값으로 주어진 자료를 2개의 그룹으로 판별할 수가 있다. 예를 들어 미나마따병[1]에 걸린 고양이와 건강한 고양이를 판별하는 예를 보자. 먼저, 판별분석으로 전립선 비대증과 전립선암을 판별할 수가 있고, 여기서 2개의 그룹으로 판별했을 때, 판별에 영향을 주는 설명변수가 어떤 것인가를 조사할 수가 있다. 예로 뇌에 축적된 수은량과 간에 축적된 수은량 중 어느 것이 미나마따병에 영향을 주는가를 알 수가 있고, 몇 개의 전립선암의 표시 중 어느 것이 판별에 가장 많은 도움을 주는지 알 수가 있다. 또한, 새로운 데이터가 주어졌을 때, 그 데이터가 어느 그룹에 속하는지를 알 수가 있다.

판별분석은 집단간의 차이를 식별하는데 사용되는데, 판별변수들에 의한 분류의 기준을 정하고, 판별변수들의 공헌도 및 상호 구조적 관계를 파악하며, 집단간 분류정도 및 집단의 특성을 해석하고, 새로운 대상을 어느 집단

---

1) 미나마따병 : 1953년경부터 일본 구마모또현(熊本縣) 미나마따市의 해변 부락에서 집단 발생한 중독성 질환의 하나. 미나마따만(灣)에서 잡힌 어패류를 먹은 사람의 신경이 침범당해 언어장애, 운동장애 등의 각종 증상을 일으키는데, 심하면 죽음에까지 이르며, 공장의 산업폐수가 주원인이다.

으로 분류할 것인지 예측하는 데에 목적이 있다. 그 절차를 보면 주어진 관측값들로부터 전체 집단을 부분집단으로 분류하기 위해 기준이 되는 판별함수를 도출하고 이를 해석하는 판별과정과 이 판별함수를 이용한 새로운 자료를 분류하는 분류과정으로 구성되어 있다.

1.2 JMP를 이용한 데이터 분석

판별분석을 이해 해보자. 이해를 위한 지름길은 우선 자료를 분석해 보는 것이다. 다음의 자료는 어떤 해안에 살고 있는 미나마따병에 걸린 고양이와 건강한 고양이에 대한 뇌(腦)와 간장(肝臟)속의 총 수은량(ppm)을 조사한 것이다.

【표 1.2.1】 미나마따병 자료

표 본 No	미나마따병에 걸린 고양이		표 본 No	건강한 고양이	
	뇌 x_1	간 x_2		뇌 x_1	간 x_2
1	9.1	54.5	1	2.3	31.8
2	10.4	68.0	2	0.7	14.5
3	8.2	53.5	3	2.5	33.3
4	7.5	47.6	4	1.1	33.4
5	9.7	52.5	5	3.9	61.2
6	4.9	45.3	6	1.0	12.3

우리가 이 자료로부터 알고 싶어 하는 것은 다음과 같다.

1. 미나마따병에 걸린 고양이와 건강한 고양이를 판별할 수가 있을까?
2. 뇌와 간 속의 수은량 중에서, 어느 쪽이 미나마따병에 더 큰 영향을 미칠까?
3. 어제 다른 해안에서 죽은 고양이는 미나마따병으로 죽은 것은 아닌지?

위의 문제를 풀기 위해 자료를 2개의 그룹으로 분류해 주는 판별분석을 JMP를 이용하여 실행해 보자. 먼저 [표 1.2.1]의 자료를 [그림 1.2.1]과 같이 '미나마따병 감염 유무', '뇌의 수은량', '간의 수은량'이라는 변수명에 입력한다.

그림 1.2.1
분석 자료

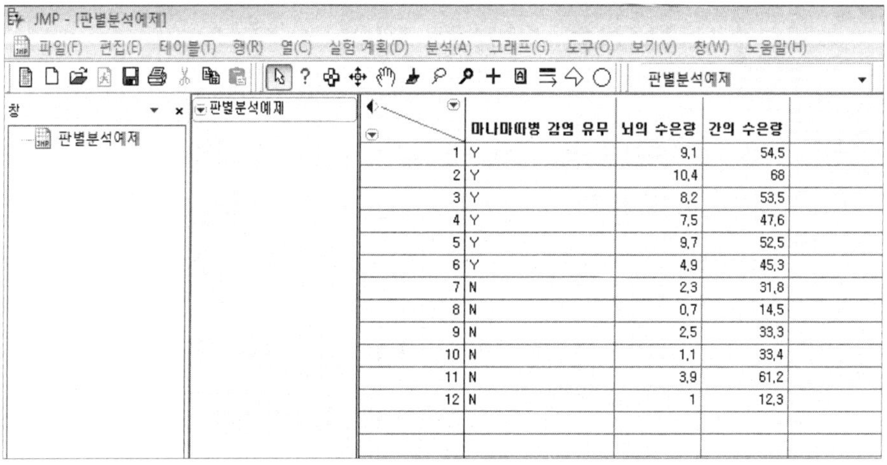

	미나마따병 감염 유무	뇌의 수은량	간의 수은량
1	Y	9.1	54.5
2	Y	10.4	68
3	Y	8.2	53.5
4	Y	7.5	47.6
5	Y	9.7	52.5
6	Y	4.9	45.3
7	N	2.3	31.8
8	N	0.7	14.5
9	N	2.5	33.3
10	N	1.1	33.4
11	N	3.9	61.2
12	N	1	12.3

위의 자료를 가지고 두 그룹의 공분산행렬이 같다는 전제 하에 유도된 선형판별함수에 의한 판별분석을 시행해 보도록 한다. 먼저 [그림 1.2.2]와 같이 풀다운 메뉴에서 분석>다변량 방법>판별를 선택한다.

그림 1.2.2
분석 방법 선택

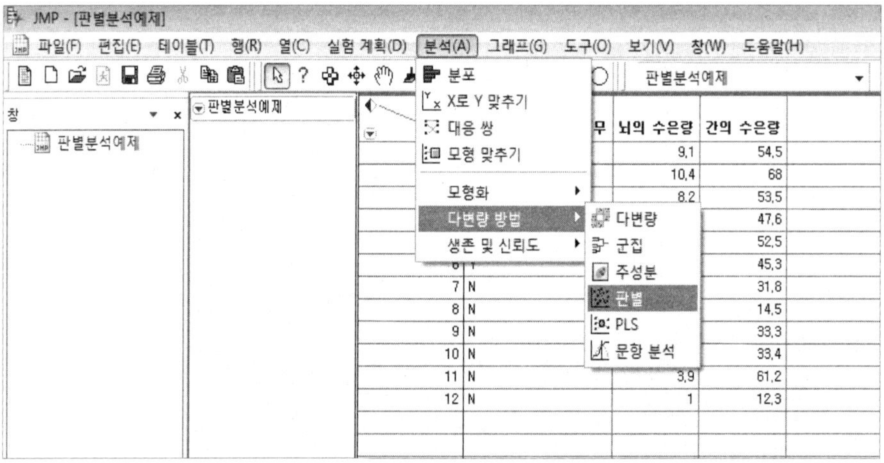

[그림 1.2.3]과 같이 '미나마따병 감염 유무' 변수는 X, 범주, '뇌의 수은량'과 '간의 수은량' 변수들은 Y, 공변량이라는 곳에 모두 다 지정한다.

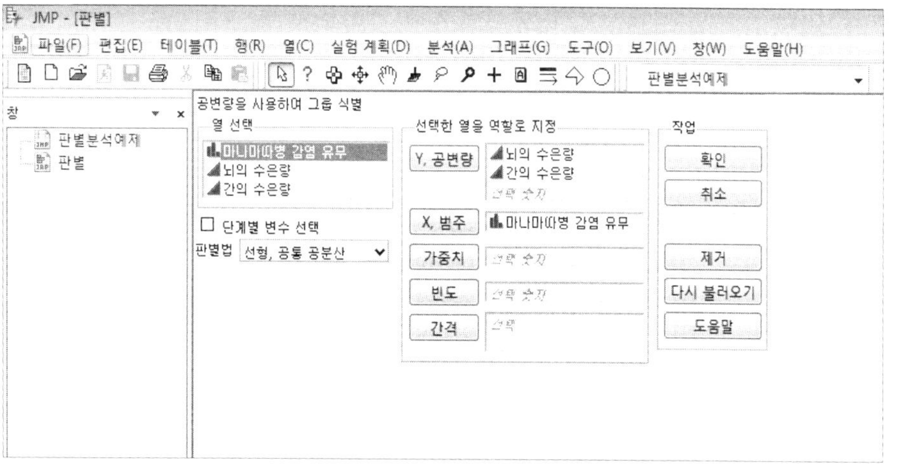

그림 1.2.3
분석 변수 선택

위 [그림 1.2.3]에서 확인버튼을 누르면, [그림 1.2.4]와 같이 각 관측값이 군집에 할당된 결과가 나온다.

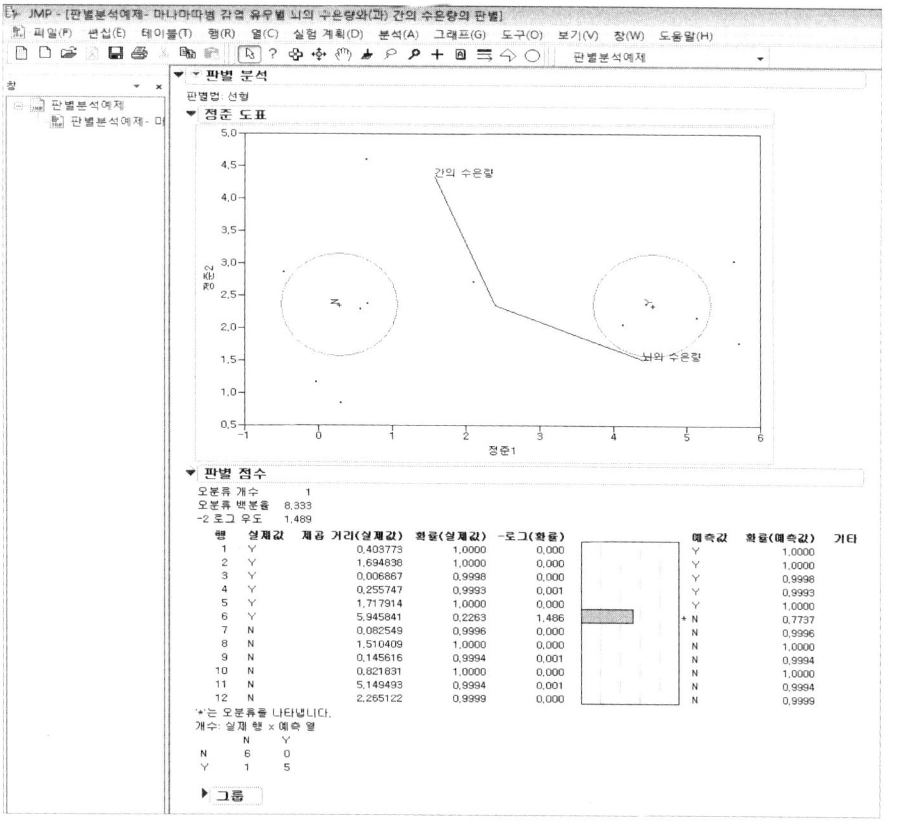

그림 1.2.4
선형판별함수를 이용한 판별분석 결과

다음으로 정준판별식을 알아보기 위해 [그림 1.2.5]와 같이 판별 분석>정준 옵션>정준상세정보표시를 누르면, [그림 1.2.6]과 같이 정준판별식을 보여준다.

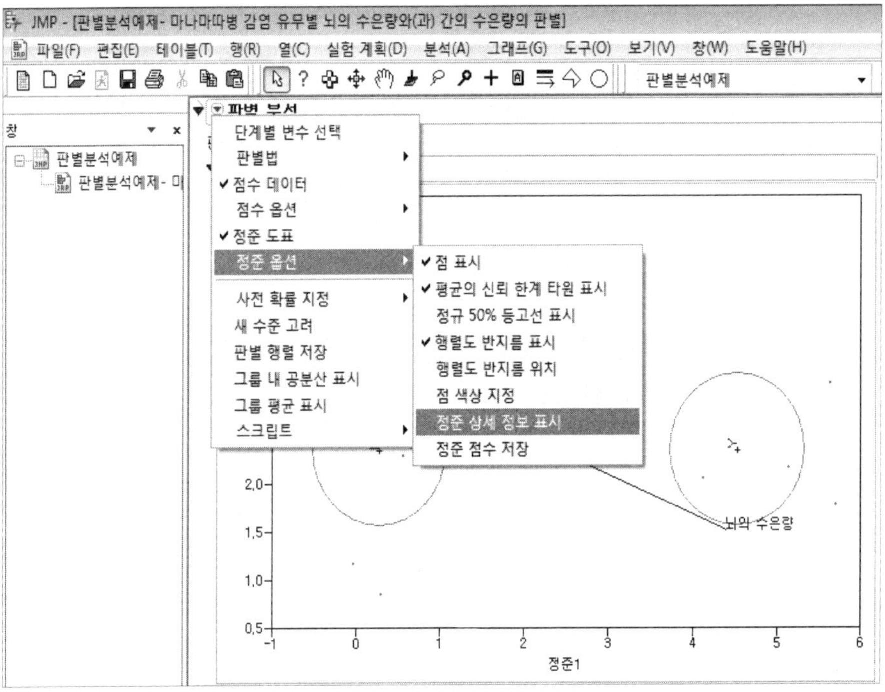

그림 1.2.5
선형판별함수를 이용한 판별분석 : 정준 옵션 선택

그림 1.2.6
선형 판별분석 결과 : 정준 판별식

점수화 계수

	뇌의 수은량	간의 수은량
정준1	0.8084268	-0.04074
정준2	-0.340755	0.0967452

또한 정준점수를 알아보기 위해 판별 분석>정준 옵션>정준점수저장을 누르면, [그림 1.2.7]과 같이 정준점수를 보여준다.

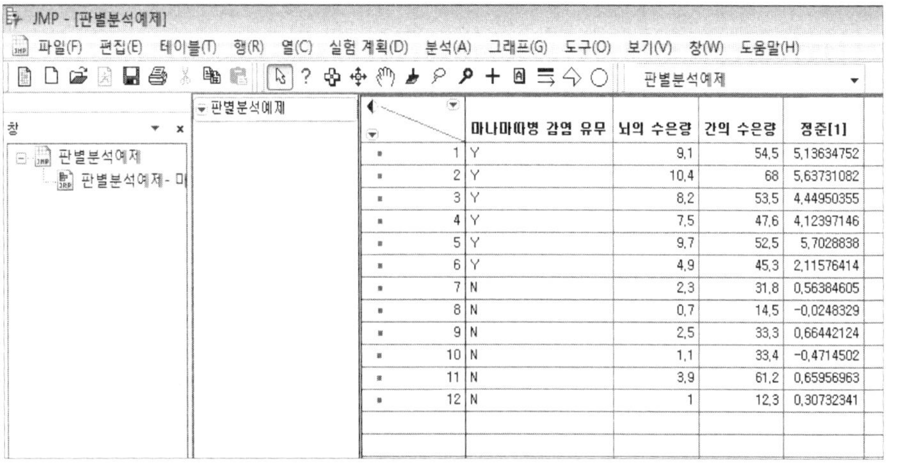

	마나마따병 감염 유무	뇌의 수은량	간의 수은량	정준[1]
1	Y	9,1	54,5	5,13634752
2	Y	10,4	68	5,63731082
3	Y	8,2	53,5	4,44950355
4	Y	7,5	47,6	4,12397146
5	Y	9,7	52,5	5,7028838
6	Y	4,9	45,3	2,11576414
7	N	2,3	31,8	0,56384605
8	N	0,7	14,5	-0,0248329
9	N	2,5	33,3	0,66442124
10	N	1,1	33,4	-0,4714502
11	N	3,9	61,2	0,65956963
12	N	1	12,3	0,30732341

그림 1.2.7

선형 판별분석 결과 : 정준 점수

선형판별함수를 구하기 위해 판별 분석>그룹 평균 표시와 판별 분석>그룹 내 공분산 표시을 눌러보자. 그러면, [그림 1.2.8]과 같이 그룹평균과 공통 공분산행렬을 보여준다.

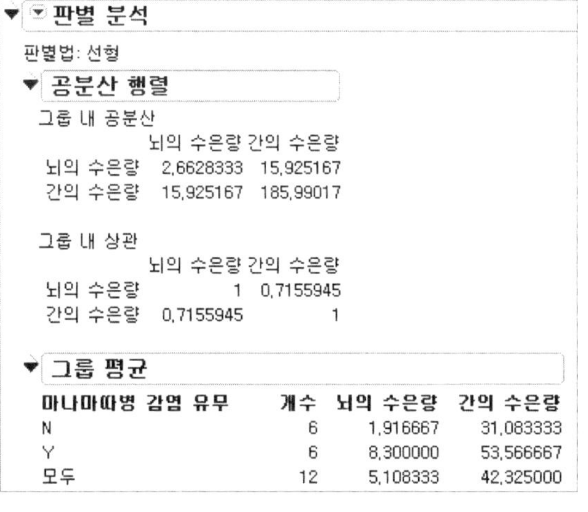

그룹 내 공분산

	뇌의 수은량	간의 수은량
뇌의 수은량	2,6628333	15,925167
간의 수은량	15,925167	185,99017

그룹 내 상관

	뇌의 수은량	간의 수은량
뇌의 수은량	1	0,7155945
간의 수은량	0,7155945	1

그룹 평균

마나마따병 감염 유무	개수	뇌의 수은량	간의 수은량
N	6	1,916667	31,083333
Y	6	8,300000	53,566667
모두	12	5,108333	42,325000

그림 1.2.8

선형 판별분석 결과 : 그룹평균과 공분산 행렬

위 결과들을 해석해 보자. 우선 두 그룹의 공분산행렬이 같다는 전제 하에 유도된 정준판별식을 [그림 1.2.6]을 이용하여 다음과 같이 나타낼 수 있다.

$$\text{판별 점수} = 0.8084x_1 - 0.0407x_2 .$$

또한, 각 관측값과 그룹평균을 포함하는 [그림 1.2.4]의 정준 도표와 [그림 1.2.7]에서의 첫 번째 정준점수를 통해 관측값들이 두 그룹으로 서로 반대되는 부분에 위치해 있음을 알 수 있다.

[그림 1.2.8]의 공통 공분산 행렬을 이용하여 병에 걸린 그룹(그룹 1)과 건강한 고양이 그룹(그룹 2)을 판별할 수 있는 선형판별함수는 다음과 같이 나타낼 수 있다(유도 과정은 1.3절에서 자세히 다룰 것이다).

$$z = -10.2096 + 3.4314x_1 - 0.1729x_2 .$$

이를 SAS 프로그램을 이용하여 같은 결과를 얻을 수 있다. 즉, 그룹 1과 그룹 2의 표본선형판별함수는 다음과 같이 z_1, z_2로 표현 할 수 있다(부록 참조).

$$z_1 = -13.02 + 2.86x_1 + 0.04x_2 .$$
$$z_2 = -2.81 - 0.57x_1 + 0.22x_2 .$$

따라서, 뇌에 수은량이 많을수록, 간에 수은량이 적을수록 첫째 그룹에 속할 가능성이 커진다고 볼 수 있겠다. 두 그룹을 판별할 수 있는 선형판별함수는

$$z = z_1 - z_2 = -10.21 + 3.43x_1 - 0.18x_2$$

가 되어 JMP 결과와 같음을 알 수 있으며, 이 함수에 의해 2개의 그룹을 판별한다.

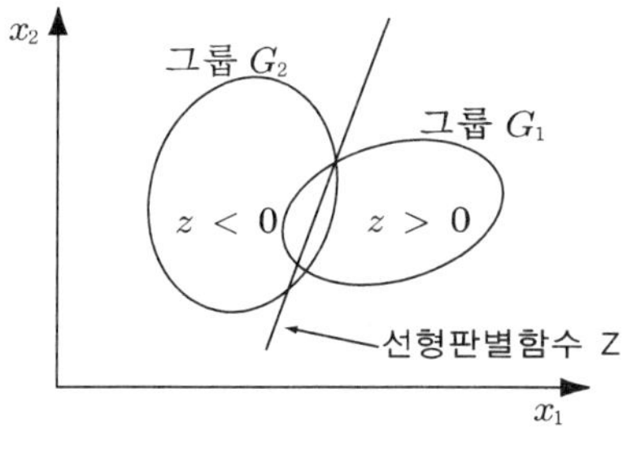

그림 1.2.9 선형판별함수를 이용한 예

거리를 이용하여 판별을 하기 위해 판별 분석>점수 옵션>각 그룹까지의 거리 표시 와 판별 분석>점수 옵션>각 그룹에 대한 확률 표시를 누르면, [그림 1.2.10]과 [그림 1.2.11]과 같이 그 결과들을 보여준다.

그림 1.2.10

선형 판별분석 결과 : 각 그룹까지의 거리 제곱

▼ 각 그룹까지의 거리 제곱

행	실제값	N	Y
1	Y	23,586799	0,4037732
2	Y	29,130526	1,6948381
3	Y	17,359297	0,006867
4	Y	14,844745	0,2557472
5	Y	29,710248	1,7179135
6	Y	3,4872314	5,9458408
7	N	0,0825487	15,715341
8	N	1,5104086	22,140478
9	N	0,1456164	14,924629
10	N	0,8218313	25,243221
11	N	5,1494932	19,969691
12	N	2,2651219	20,075527

그림 1.2.11

선형 판별분석 결과 : 각 그룹에 대한 확률

▼ 각 그룹에 대한 확률

행	실제값	N	Y
1	Y	0,00001	0,99999
2	Y	0,00000	1,00000
3	Y	0,00017	0,99983
4	Y	0,00068	0,99932
5	Y	0,00000	1,00000
6	Y	0,77370	0,22630
7	N	0,99960	0,00040
8	N	0,99997	0,00003
9	N	0,99938	0,00062
10	N	1,00000	0,00000
11	N	0,99940	0,00060
12	N	0,99986	0,00014

[그림 1.2.10]과 같이 각 관측값의 그룹평균까지의 Mahalanobis 거리에 의한 관측값의 분류는 두 그룹에 대한 거리가 짧은 집단으로 분류가 되는데 이 데이터의 경우, 그룹 1에 속하는 6번째 관측값이 그룹 2로 분류되었다. 결과에서와 같이 이 관측값의 그룹 1까지의 거리의 제곱은 5.9458이고, 그룹 2까지의 거리의 제곱은 3.4872로 그룹 2까지의 거리가 적게 나타났다.

또한 [그림 1.2.11]과 같이 사후확률에 의한 관측값의 분류는 두 그룹에 대하여 사후확률이 큰 집단으로 분류하게 되는데 이 데이터의 경우, 그룹 1에 속하는 6번째 관측값의 그룹 2에 속할 사후확률이 0.7737로 매우 높게 나타나 그룹 2로 분류되었다.

추정된 분류함수에 의해 데이터를 재분류(resubstitution)한 결과를 살펴보기 위해 먼저 판별 분석>점수 옵션>공식 저장을 하여 'Pred 미나마따병 감염 유무'라는 예측된 새로운 반응변수를 저장한다. 다음으로 분석>X로 Y맞추기를 하여 X 에는 'Pred 미나마따병 감염 유무' 변수를 Y 에는 '미나마따병 감염 유무' 변수를 할당하여 도표를 그려 보면 [그림 1.2.12]와 같은 결과를 얻는다.

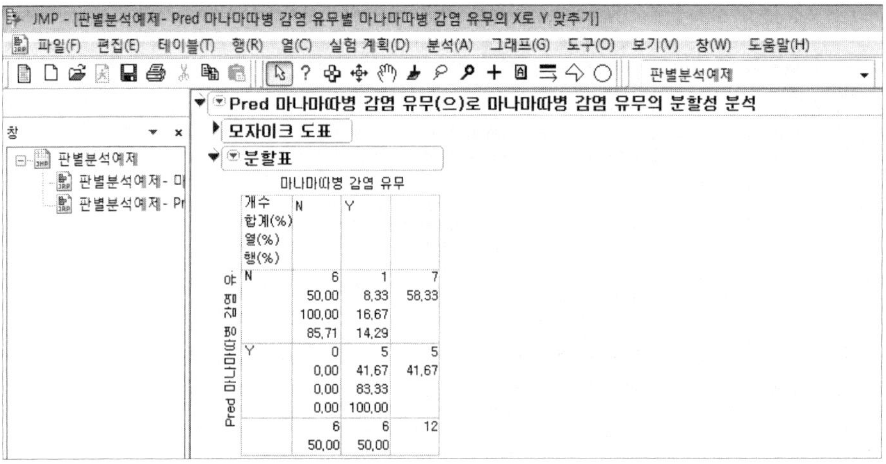

그림 1.2.12 판별분석 재분류 결과

그 결과를 살펴보면, 그룹 1에 속하는 6개 중에서 5개가 바르게 분류되었으며 1개가 그룹 2로 잘못 분류되었다. 한편, 그룹 2에 속하는 관측치는 모두 바르게 분류됐음을 알 수 있다. 그룹 1의 6개 관측값 중 16.67%가 잘못 분류된 것으로 나타났으며, 사전확률이 동일하다는 가정 아래서의 전체 데이터에 대한 총 오분류율은 (1+0)/12 = 8.33%이고 적중률은 91.67%이다.

다음으로 선형(정준)판별함수를 사용했을 때의 오분류율를 줄이기 위해 [그림 1.2.13]과 같이 이차판별함수를 이용(판별법>2차,서로 다른 공분산)해 보면, [그림 1.2.14]와 [그림 1.2.15] 같이 분류를 잘 해 주고 있음을 알 수 있다.

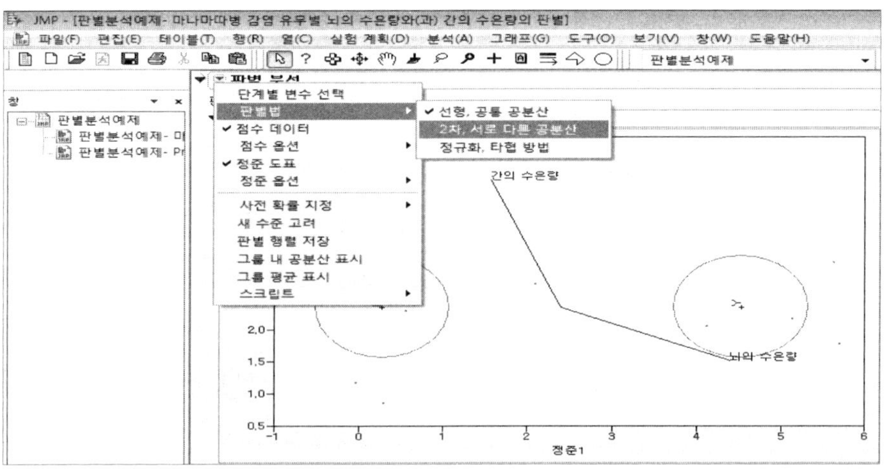

그림 1.2.13 분류 방법 선택

그림 1.2.14

이차판별함수를 이용한 판별분석 결과 1

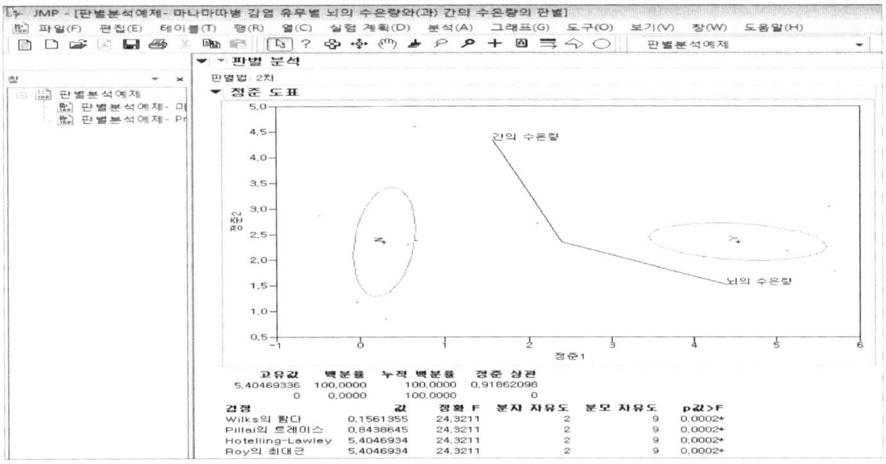

그림 1.2.15

이차판별함수를 이용한 판별분석 결과 2

▼ 각 그룹에 대한 확률

행	실제값	N	Y
1	Y	0,00000	1,00000
2	Y	0,00000	1,00000
3	Y	0,00000	1,00000
4	Y	0,00000	1,00000
5	Y	0,00000	1,00000
6	Y	0,00114	0,99886
7	N	0,99004	0,00996
8	N	0,99999	0,00001
9	N	0,98305	0,01695
10	N	0,99485	0,00515
11	N	0,99999	0,00001
12	N	1,00000	0,00000

▼ 각 그룹까지의 거리 제곱

행	실제값	N	Y
1	Y	127,62311	4,7409608
2	Y	150,33346	8,1972934
3	Y	94,50745	4,455436
4	Y	82,187094	5,1254339
5	Y	160,09741	6,3756196
6	Y	21,350675	7,8042958
7	N	4,8484964	14,046723
8	N	5,4286663	28,750835
9	N	5,1712549	13,291828
10	N	7,8753608	18,403562
11	N	7,3904225	31,079397
12	N	5,8131887	32,138038

[그림 1.2.15]의 결과에서 각 관측치의 그룹 평균까지의 Mahalanobis 거리에 의한 관측값의 분류를 보면, 그룹 1과 그룹 2에 속하는 각각의 모든 관측값들이 자신의 그룹까지의 거리가 다른 그룹까지의 거리보다 작은 것으로 나타나 모든 관측값들이 제대로 올바르게 분류되었음을 알 수 있다.

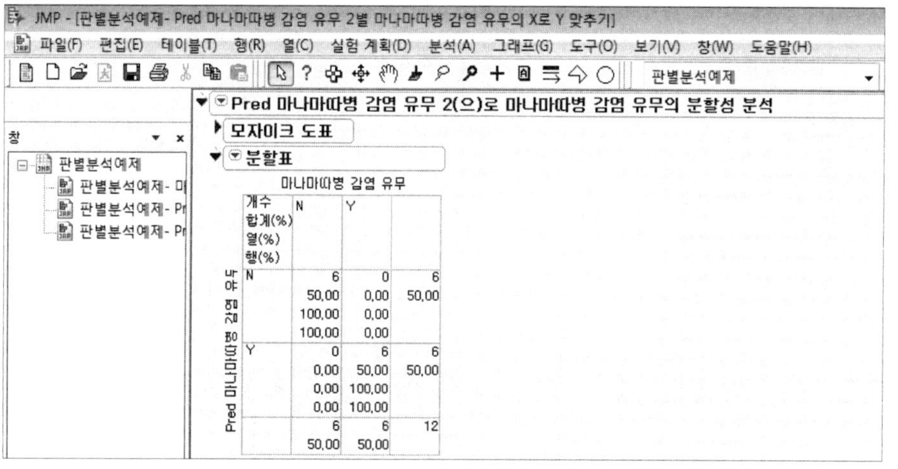

그림 1.2.16
이차판별함수를 이용한 판별분석 재분류 결과

또한, [그림 1.2.16]과 같이 추정된 이차판별함수에 의해 데이터를 재분류한 결과를 살펴보면, 그룹 1과 그룹 2에 속하는 모든 관측값이 제대로 올바르게 분류되었음을 알 수 있다. 따라서 사전확률이 동일하다는 가정 아래서의 전체 데이터에 대한 총 오분류율도 (0+0)/12 = 0.00%로 나타났다.

1.3 선형 판별 함수

선형판별함수에 관해 생각해 보자. 선형이란 1차식을 말하는 것으로 "선형판별함수란 1차식에 의한 판별함수"를 의미한다. 판별법의 이해력을 높여주기 위해 가로 축에는 뇌의 총 수은량을, 세로 축에는 간의 총 수은량을 잡아 다음의 그래프로 선형판별함수를 표현한다.

그림 1.3.1
선형판별 함수

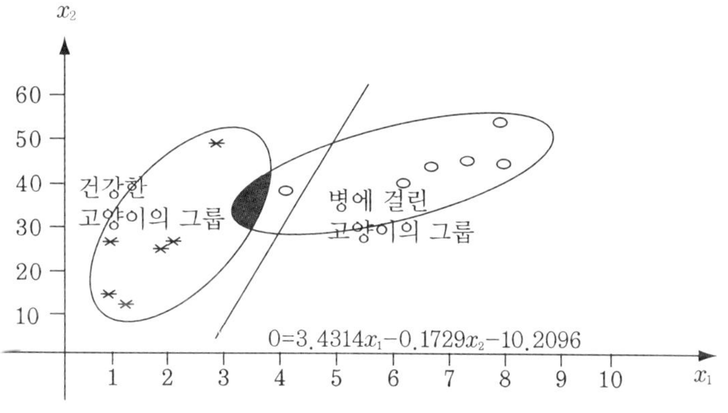

위 [그림 1.3.1]에서 우리가 알고 싶은 것은 "미나마따병에 걸린 고양이와 건강한 고양이를 판별할 수가 있을까?"라는 것이다. 이를 위해 2개의 그룹으로 나누기 위해서 위의 그림과 같이 "하나의 직선 –경계선 –을 긋는다." 만일 이러한 그림을 그리는 것이 가능하면 목적은 달성될 것이다.

JMP에서는 부분모집단들이 P-차원 다변량 정규분포를 따른다는 가정 하에서 판별분석을 하였다. 이때 고려되어야 할 점은 부분모집단의 공분산행렬들의 동일성여부에 따라 분류방법이 다르다는 사실이다. 먼저 부분모집단의 공분산행렬이 같은 경우에는 공통공분산행렬 Σ를 합동표본공분산행렬 S_p로, 그리고 모평균벡터 μ_i를 표본평균벡터 $\overline{X_i}$로 추정하여 각각의 다변량 개체 X_i에 대하여 다음과 같이 선형판별함수를 정의한다.

$$z=\left(\frac{1}{2}\right)\left(\overline{X_1}-\overline{X_2}\right)^t S_p^{-1}\left(\overline{X_1}+\overline{X_2}\right)-\left(\overline{X_1}-\overline{X_2}\right)^t S_p^{-1} X_i.$$

미나마따병 자료로 부터 [그림 1.2.8]의 그룹평균과 공분산행렬을 구하고, 이를 이용하여 선형판별함수를 다음과 같이 만들 수 있다.

$$z = 3.4314x_1 - 0.1729\,x_2 - 10.2096.$$

선형판별함수로부터 위의 직선(경계선) $0 = 3.4314\,x_1 - 0.1729\,x_2 - 10.2096$ 을 그릴 수 있고, [그림 1.3.2]와 같이 선형판별함수에 의해 평면은 2개로 나누어진다.

그림 1.3.2
선형판별함수 z

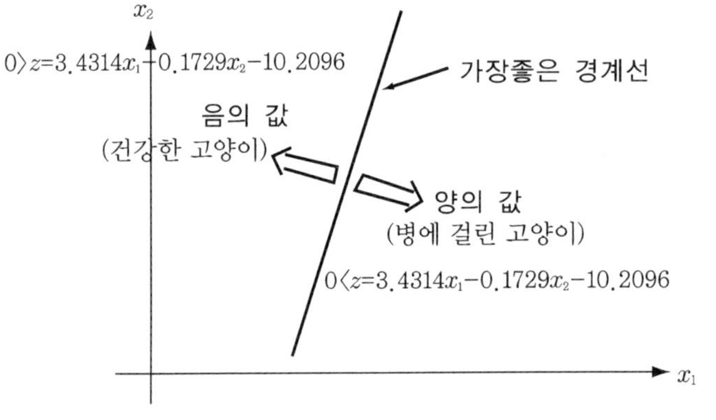

결국,

미나마따병에 걸린 고양이를 판별한다	$\Leftrightarrow$	선형판별함수 z에 의해 평면을 양의 값과 음의 값으로 나눈다

와 같이 대응하고 있는 것이다.

물론, 평면을 아무렇게나 절단해서 되는 것이 아니고, 미나마따병에 걸린 고양이와 건강한 고양이를 "가장 잘 판별하는 경계선"을 찾아내야만 한다.

1.4 판별 점수

선형판별함수

$$z = 3.4314x_1 - 0.1729\,x_2 - 10.2096$$

에 미나마따병에 걸린 고양이의 데이터 (9.1, 54.5)를 대입한 값

$$z = 3.4314 \times 9.1 - 0.1729 \times 54.5 - 10.2096 = 11.5931 > 0$$

이나 건강한 고양이의 데이터 (2.3, 31.8)을 대입한 값

$$z = 3.4314 \times 2.3 - 0.1729 \times 31.8 - 10.2096 = -7.8156 < 0$$

을 판별점수(판별득점)라고 한다. 즉, 선형판별함수 $z = a_1x_1 + a_2x_2 + a_0$ 에 점(p,q) 를 대입한 값 $z = a_1p + a_2q + a_0$ 를 데이터 (p,q) 의 판별점수라고 정의하지만, 이 의미는 [그림 1.4.1]를 보면 확실하게 이해할 수가 있다.

그림 1.4.1
거리와
판별점수의 의미

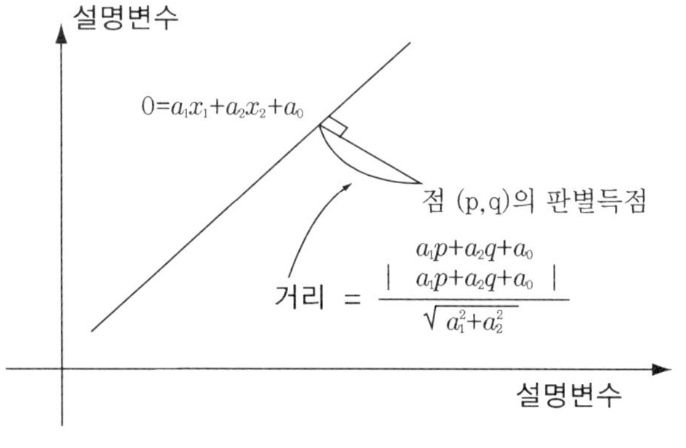

점(p, q)와 직선 $0 = a_1x_1 + a_2x_2 + a_0$ 와의 거리는

$$\frac{|\,a_1p + a_2q + a_0\,|}{\sqrt{{a_1}^2 + {a_2}^2}}$$

으로 주어지므로, 판별점수는 그 분자에 주목한 것이다.

따라서, 판별점수는 데이터가 경계선에서 어느 정도 떨어져 있는가를 나타낸 것이다. 선형판별함수

$$z = 3.4314x_1 - 0.1729\,x_2 - 10.2096$$

에 [표 1.2.1]의 데이터를 대입해 보자.

【표 1.4.1】 판별점수표

미나나마따병에 걸린 고양이 그룹

No	판별점수	판별결과
1	11.59	양
2	13.72	양
3	8.68	양
4	7.30	양
5	14.00	양
6	-1.23	음

건강한 고양이 그룹

No	판별점수	판별결과
1	-7.82	음
2	-10.31	음
3	-7.39	음
4	-12.21	음
5	-7.41	음
6	-8.90	음

[표 1.4.1]로부터 알 수가 있듯이

미나마따병에 걸린 고양이 $\Leftrightarrow$ 판별점수가 양
건강한 고양이 $\Leftrightarrow$ 판별점수가 음

으로 대응되어 있다.

단, 미나마따병에 걸린 고양이 그룹 중에서 6번째 고양이는 병에 걸려 있음에도 불구하고 건강한 고양이로 잘못 판별되어 있는 것에 주의하자.

1.5 이차 판별 함수

이차판별함수(Mahalanobis거리)에 의한 판별분석이란 다음의 [그림 1.5.1]과 같이 2차 곡선에 의해서 주어진 2개의 그룹 G_1, G_2를 판별하는 것이다.

그림 1.5.1
Mahalanobis거리에 의한 경계선

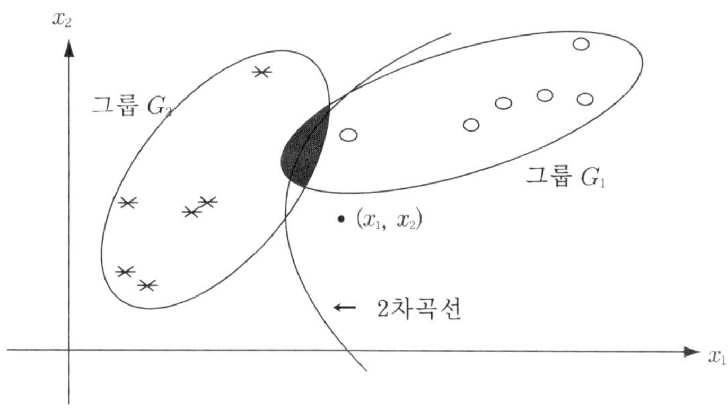

이 2차 곡선은 "2개의 그룹 G_1, G_2로부터 같은 거리에 있는 점의 집합" 으로 2개 그룹의 경계선으로 되어 있다.

부분모집단의 공분산행렬이 다른 경우에는 두 집단의 공분산행렬 Σ_i를 각각 S_i로, 그리고 모평균벡터 μ_i를 표본평균벡터 $\overline{X_i}$로 추정하여 각각의 다변량 개체 X_i에 대하여 다음과 같이 이차판별함수를 만든다.

$$z = \left(\overline{X_1^t}\, S_1^{-1} - \overline{X_2^t}\, S_2^{-1}\right) X_i + \left(\frac{1}{2}\right) X_i^t \left(S_1^{-1} - S_2^{-1}\right) X_i$$

$$+ \left(\frac{1}{2}\right)\left[\ln\left(\frac{|S_1|}{|S_2|}\right) + \overline{X_1^t}\, S_1^{-1}\, \overline{X_1} - \overline{X_2^t}\, S_2^{-1}\, \overline{X_2}\right] .$$

만약, 부분모집단들이 다변량 정규분포를 따른다는 가정을 한다면, 정규분포 자체가 그 집단의 평균을 중심으로 한 개체들의 군집(Cluster)이라고 생각될 수 있을 것이고, 평균으로부터 멀어질수록 그들의 밀도는 점차 감소될 것이다. 따라서 어느 집단의 평균으로부터 측정된 거리만큼 떨어져 있는 개체가 실제로 그 집단에 속할 확률을 정규분포를 통해 계산될 수 있다.

그래서 점(x_1,x_2)와 그룹G_1사이의 Mahalanobis 거리의 제곱을 $D_1^{\,2}(x_1,x_2)$, 점(x_1,x_2)와 그룹G_2사이의 거리의 제곱을 $D_2^{\,2}(x_1,x_2)$ 라고 두면,

1. $D_1^{\,2}(x_1,x_2) < D_2^{\,2}(x_1,x_2)$ 이면 점(x_1,x_2)는 그룹G_1에 가깝기 때문에 데이터(x_1,x_2)는 그룹G_1에 속한다.
2. $D_1^{\,2}(x_1,x_2) > D_2^{\,2}(x_1,x_2)$ 이면 점(x_1,x_2)는 그룹G_2에 가깝기 때문에 데이터(x_1,x_2)는 그룹G_2에 속한다.

라고 약속한다.

따라서 [그림 1.5.1]의 2차 곡선은 "$D_1^{\,2}(x_1,x_2) = D_2^{\,2}(x_1,x_2)$ 가 되는 점 (x_1,x_2)의 집합" 이다.

[표 1.2.1]의 데이터인 경우

$$D_1^{\,2}(x_1,x_2) = 0.736\,x_1^{\,2} - 0.293\,x_1x_2 + 0.045\,x_2^{\,2} + 3.455\,x_1 - 2.391\,x_2 + 49.715\,,$$
$$D_2^{\,2}(x_1,x_2) = 3.738\,x_1^{\,2} - 0.468\,x_1x_2 + 0.018\,x_2^{\,2} + 0.198\,x_1 - 0.213\,x_2 + 3.128$$

로 되어있기 때문에, [그림 1.5.1]의 경계선은

$$0 = D_1^{\,2}(x_1,x_2) - D_2^{\,2}(x_1,x_2)$$
$$0 = -\,3.002\,x_1^{\,2} + 0.175\,x_1x_2 + 0.027\,x_2^{\,2} + 3.257\,x_1 - 2.178\,x_2 + 46.587$$

로 주어지는 2차 곡선이다. 그러면 이 Mahalanobis거리란 도대체 무엇인지 알아보자.

그림 1.5.2

Mahalanobis 거리

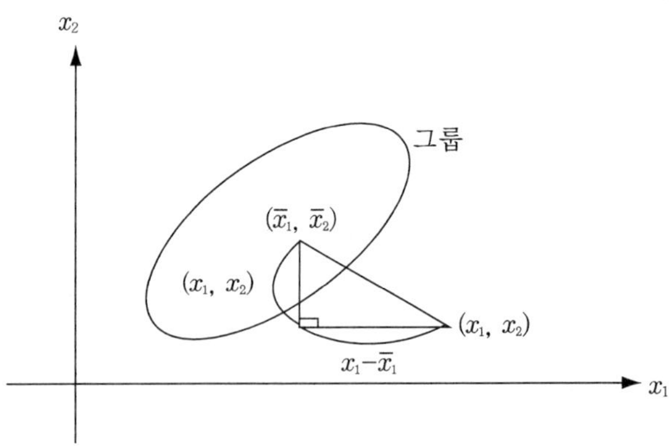

예를 들면, 점(x_1, x_2)와 그룹 사이의 거리를 [그림 1.5.2]와 같이 "점(x_1, x_2)와 그룹의 평균$(\bar{x}_1, \bar{x}_2)$사이의 거리" 로 생각하면 거리의 제곱은

$$(x_1 - \bar{x}_1^{(1)})^2 + (x_2 - \bar{x}_2^{(1)})^2$$

으로 주어진다.

그런데, Mahalanobis거리란 공분산 $s_{12} = 0$인 경우에 단순히 그룹의 평균만이 아닌

$$\frac{(x_1 - \bar{x}_1^{(1)})^2}{s_{11}} + \frac{(x_2 - \bar{x}_2^{(1)})^2}{s_{22}}$$

와 같이, 분산 $s_{11} = s_1^2$, $s_{22} = s_2^2$도 고려한 것이다. 더욱이 두 변수 x_1, x_2를 다루고 있기 때문에 그 위에 다시 공분산 s_{12}도 생각해야만 한다. 그렇게 하면 반드시 "공분산행렬"이 등장하게 된다. 그래서 그룹의 평균과 공분산행렬을 각각

$$(\bar{x}_1, \bar{x}_2), \qquad \begin{bmatrix} s_{11} & s_{12} \\ s_{12} & s_{22} \end{bmatrix}$$

라 했을 때, 점(x_1, x_2)와 그룹 사이의 Mahalanobis거리 $D^2(x_1, x_2)$는

$$D^2(x_1, x_2) = (x_1 - \bar{x}_1, x_2 - \bar{x}_2) \begin{bmatrix} s_{11} & s_{12} \\ s_{12} & s_{22} \end{bmatrix}^{-1} \begin{bmatrix} x_1 - \bar{x}_1 \\ x_2 - \bar{x}_2 \end{bmatrix}$$

로 정의한 것이다. 이 행렬을 계산하면

$$D^2(x_1, x_2)$$

$$= \frac{1}{s_{11}s_{22} - s_{12}^2} \left\{ \begin{array}{l} s_{22}x_1^2 + s_{11}x_2^2 - 2s_{12}x_1x_2 \\ \quad +2(s_{12}\bar{x}_2 - s_{22}\bar{x}_1)x_1 + 2(s_{12}\bar{x}_1 - s_{11}\bar{x}_2)x_2 \\ \quad + s_{22}\bar{x}_1^2 + s_{11}\bar{x}_2^2 - 2s_{12}\bar{x}_1\bar{x}_2 \end{array} \right\} \begin{array}{l} \cdots \text{2차항} \\ \cdots \text{1차항} \\ \cdots \text{상수항} \end{array}$$

와 같이 긴 식이 된다.

그렇다면, Mahalanobis 거리는 일상의 거리의 개념과 어떻게 다른가? Mahalanobis 거리에 그룹의 평균을 다음과 같이 대입해보자. 즉, $D_1^{\ 2}(x_1, x_2)$에 평균$(\overline{x}_1^{(1)}, \overline{x}_2^{(1)})$을 대입하면

$$D^2(\overline{x}_1^{(1)}, \overline{x}_2^{(1)}) = (\overline{x}_1^{(1)} - \overline{x}_1^{(1)}, \overline{x}_2^{(1)} - \overline{x}_2^{(1)}) \begin{bmatrix} s_{11}^{(1)} & s_{12}^{(1)} \\ s_{12}^{(1)} & s_{22}^{(1)} \end{bmatrix}^{-1} \begin{bmatrix} \overline{x}_1^{(1)} - \overline{x}_1^{(1)} \\ \overline{x}_2^{(1)} - \overline{x}_2^{(1)} \end{bmatrix}$$

$$= (0, 0) \begin{bmatrix} s_{11}^{(1)} & s_{12}^{(1)} \\ s_{12}^{(1)} & s_{22}^{(1)} \end{bmatrix}^{-1} \begin{bmatrix} 0 \\ 0 \end{bmatrix}$$

$$= 0$$

이 되기 때문에, Mahalanobis 거리는 "그룹의 평균(중심)으로부터의 거리" 라고 생각할 수 있다. 그러나 단순히 점(x_1, x_2)와 평균$(\overline{x}_1^{(1)}, \overline{x}_2^{(1)})$과의 거리라면

$$D^2 = (x_1 - \overline{x}_1^{(1)})^2 + (x_2 - \overline{x}_2^{(1)})^2$$

으로 충분해야 한다. 하지만, Mahalanobis 거리는 다음과 같이

$$D_1^{\ 2}(x_1, x_2) = \frac{(x_1 - \overline{x}_1^{(1)})^2}{\left(\frac{s_{11}^{(1)} s_{22}^{(1)} - s_{12}^{(1)} s_{12}^{(1)}}{s_{22}^{(1)}}\right)} + \frac{(x_2 - \overline{x}_2^{(1)})^2}{\left(\frac{s_{11}^{(1)} s_{22}^{(1)} - s_{12}^{(1)} s_{12}^{(1)}}{s_{11}^{(1)}}\right)} - \frac{2(x_1 - \overline{x}_1^{(1)})(x_2 - \overline{x}_2^{(1)})}{\left(\frac{s_{11}^{(1)} s_{22}^{(1)} - s_{12}^{(1)} s_{12}^{(1)}}{s_{12}^{(1)}}\right)}$$

이기 때문에, Mahalanobis 거리는 "데이터의 공분산을 고려한 그룹의 중심으로부터의 거리!!" 라는 것을 알 수 있다.

1.6 선형판별함수인가 아니면 이차판별함수에 의한 판별인가?

- 두 개의 공분산행렬의 동일성에 대한 검정

판별분석에는

1. 선형판별함수에 의한 판별 ← 1차식
2. 이차판별함수(Mahalanobis 거리)에 의한 판별 ← 2차식

의 두 가지의 방법을 생각할 수 있다.

그러면 어느 쪽이 더 좋은 방법일까? 그것을 알기 위해서는 선형판별함수와 이차판별함수와의 차이를 살펴보아야만 한다. 힌트는 공분산행렬에 있다. 다음의 데이터는 2개 그룹의 공분산행렬이 서로 같아지도록 만든 것이다.

【표 1.6.1】 인위적으로 만든 데이터

그룹 G_1

No	x_1	x_2
1	5	6
2	6	4
3	7	6
4	8	8
5	9	6
평균	$\bar{x}_1^{(1)}=7$	$\bar{x}_2^{(1)}=6$

그룹 G_2

No	x_1	x_2
1	10	12
2	11	10
3	12	12
4	13	14
5	14	12
평균	$\bar{x}_1^{(2)}=12$	$\bar{x}_2^{(2)}=12$

G_1의 공분산행렬

$$\begin{bmatrix} s_{11}^{(1)} & s_{12}^{(1)} \\ s_{12}^{(1)} & s_{22}^{(1)} \end{bmatrix} = \begin{bmatrix} 2.5 & 1.0 \\ 1.0 & 2.0 \end{bmatrix}$$

G_2의 공분산행렬

$$\begin{bmatrix} s_{11}^{(2)} & s_{12}^{(2)} \\ s_{12}^{(2)} & s_{22}^{(2)} \end{bmatrix} = \begin{bmatrix} 2.5 & 1.0 \\ 1.0 & 2.0 \end{bmatrix}$$

이 때 선형판별함수는 1.3절에 의해

$$z = -x_1 - 2.5x_2 + 32$$

로 구할 수 있다.

다음으로 Mahalanobis거리를 계산해 보자.

$$D_1^{\,2}(x_1,x_2)=\frac{1}{4}(2x_1^{\,2}+2.5x_2^{\,2}-2x_1x_2-16x_1-16x_2+104).$$

$$D_2^{\,2}(x_1,x_2)=\frac{1}{4}(2x_1^{\,2}+2.5x_2^{\,2}-2x_1x_2-24x_1-36x_2+360).$$

위 두 식으로부터,

$$D_1^{\,2}(x_1,x_2)-D_2^{\,2}(x_1,x_2)=\frac{1}{4}(8x_1+20x_2-256)$$

$$=-2(-x_1-2.5x_2+32)$$

↑ 선형판별함수

를 얻는다. 그렇게 하면 이 식의 우변은 선형판별함수가 되고, 따라서 "공분산행렬이 같을 때에는 선형판별함수에 의한 판별"을 하면 된다는 것을 알 수가 있다.

그런데 2개 그룹의 데이터가 주어졌을 때 각각의 공분산행렬이 같다는 것을 어떻게 생각하면 좋을까? 다음과 같이 생각해 보자. 데이터는 원래 어떤 모집단으로부터 임의로 추출된 것이므로

	모집단	데이터
평균	$(\mu_1,\ \mu_2)$	$(\bar{x}_1,\ \bar{x}_2)$
공분산행렬	$\begin{bmatrix}\sigma_1^{\,2} & \sigma_{12}\\ \sigma_{12} & \sigma_2^{\,2}\end{bmatrix}$	$\begin{bmatrix}s_1^{\,2} & s_{12}\\ s_{12} & s_2^{\,2}\end{bmatrix}$

와 같이 데이터(표본)와 모집단의 공분산행렬을 구별해 둘 필요가 있다. 그리고 모집단의 공분산행렬에 주목해 보자. 모집단의 공분산행렬은 다음과 같이 나타낸다.

$\Sigma^{(1)}$=그룹G_1의 모집단의 공분산행렬,

$\Sigma^{(2)}$=그룹G_2의 모집단의 공분산행렬.

그래서, $\Sigma^{(1)}=\Sigma^{(2)}$일 때는 선형판별함수에 의한 판별, $\Sigma^{(1)}\neq\Sigma^{(2)}$일 때는

이차판별함수(Mahalanobis거리)에 의한 판별을 선택하는 것으로 하자. 따라서, 다음과 같이

$$\text{귀무가설 } H_0: \ \Sigma^{(1)} = \Sigma^{(2)}$$

의 검정 —두 모집단의 공분산행렬의 동일성에 대한 검정 —을 하면 된다.

위 귀무가설 H_0에 대해서 검정통계량 χ_0^2가

$$\chi_0^2 \geq \chi^2\left(\frac{p(p+1)}{2} \ ; \alpha\right)$$

이면 유의수준 α 에서 가설 H_0를 기각한다. 여기서 p 는 설명변수의 개수이다.

그림 1.6.1 분산 · 공분산행렬의 동일성 검정의 기각역

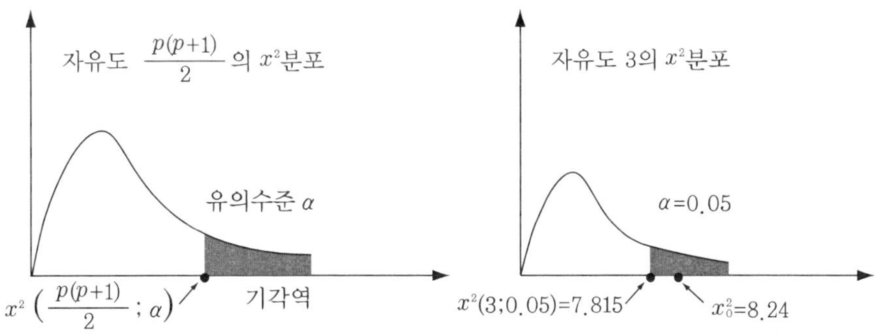

[표 1.2.1]의 데이터인 경우 검정통계량 χ_0^2는

$$\chi_0^2 = 8.24 \geq \chi^2(3 \ ; 0.05) = 7.815 \qquad (\text{유의확률}=0.0413)$$

이므로 유의수준 5%에서 가설 H_0는 기각된다(부록 참조).

따라서, 두 공분산은

$$\Sigma^{(1)} \neq \Sigma^{(2)}$$

이라고 생각되므로, 이 데이터의 판별분석에는 이차판별함수(Mahalanobis거리)에 의한 판별이 적절하다는 것을 알 수가 있다.

1.7 정답률 및 오분류율

[표 1.2.1]의 데이터를 선형판별함수에 의해 판별한 결과를 그래프로 표현해 보자. 판별점수를 z축 상에 잡으면

그림 1.7.1 판별득점의 그래프 표현

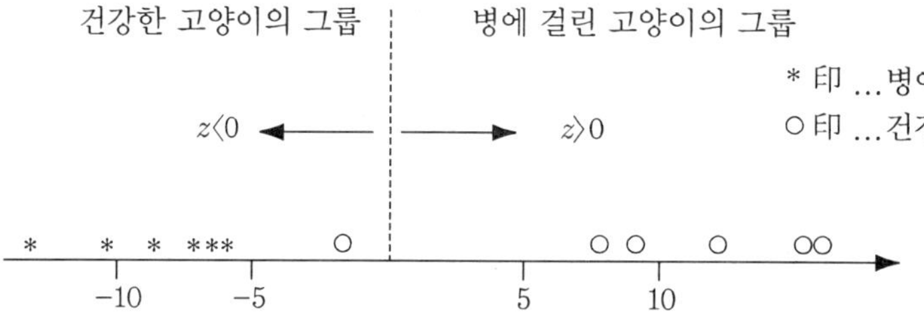

이 되기 때문에, 건강한 고양이들은 전부 올바르게 판별된 반면 미나마따병에 걸린 고양이는 한 마리가 건강한 고양이로 잘못 판별되어 있다. 그래서 선형판별함수에 의한 정답률은

미나마따병에 걸린 고양이의 정답률 $= 5/6$ … 83.3%

건강한 고양이의 정답률 $= 6/6$ … 100%

이라고 정의가 된다. 오분류율은 그 역으로

미나마따병에 걸린 고양이의 오분류율 $= 1/6$ … 16.7%

건강한 고양이의 오분류율 $= 0/6$ … 0%

가 된다.

그림 1.7.2 선형판별함수와 Mahalanobis거리에 의한 판별

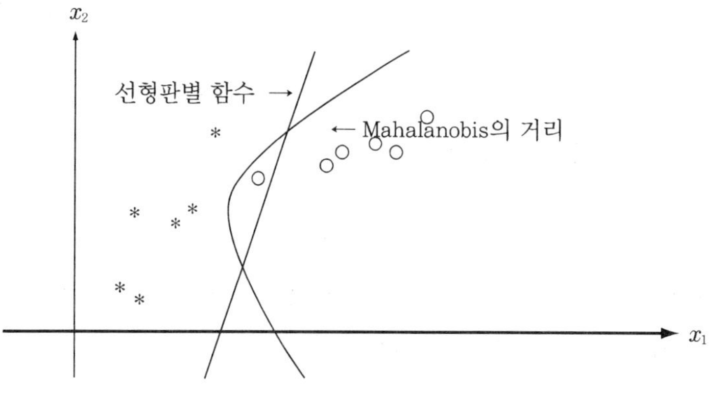

Mahalanobis거리에 의한 판별의 경우도 마찬가지로 정답률, 오분류율을 정의할 수가 있다.

【표 1.7.1】 Mahalanobis 거리 D_1^2, D_2^2

미나마따병에 걸린 고양이

No	D_1^2	D_2^2
1	4.7410	127.6231
2	8.1973	150.3335
3	4.4554	94.5075
4	5.1254	82.1871
5	6.3756	160.0974
6	7.8043	21.3507

건강한 고양이

No	D_1^2	D_2^2
1	14.0467	4.8485
2	28.7508	5.4287
3	13.2918	5.1713
4	18.4036	7.8754
5	31.0794	7.3904
6	32.1380	5.8132

Mahalanobis거리의 경우,

$D_1^2 < D_2^2$ ⇨ 미나마따병에 걸린 고양이의 그룹에 속한다

$D_1^2 > D_2^2$ ⇨ 건강한 고양이의 그룹에 속한다

로 판별되기 때문에,

미나마따병에 걸린 고양이의 정답률 =6/6 … 100%

건강한 고양이의 정답률 =6/6 … 100%

가 된다.

이 정답률을 보면, 선형판별함수에 의한 판별보다 이차판별함수에 의한 판별이 우수하다는 것을 알 수가 있다. 이것은 앞 절에서 다룬 공분산행렬의 동일성 검정결과와도 일치하고 있다는 사실에 주목해 둘 필요가 있다.

1.8 Wilks Λ에 의한 그룹 간 차이 검정

판별분석은 2개의 그룹 사이에 하나의 경계선을 그리는 것으로부터 시작된다. 이것은 2개의 그룹 사이에 차이가 있다고 가정한 것이지만, 원래 2개의 그룹 G_1과 G_2사이에 차이가 있었는지 알아보는 것이 우선일 것이다.

그림 1.8.1
경계선

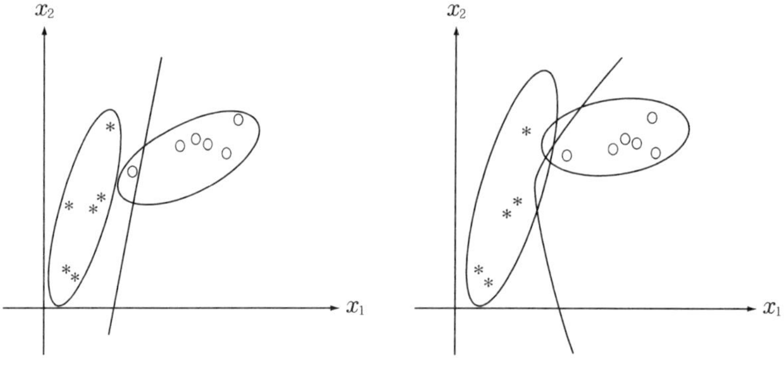

선형판별함수에 의한 경계선　　　Mahalanobis거리에 의한 경계선

『차이의 검정』이라고 할 때 바로 연상되는 것은

1. 두 모평균 차이에 대한 검정
2. 일원배치의 분산분석

은 아닐까?

1. 두 모평균 차이에 대한 검정

변수가 하나일 경우, 두개의 정규 모집단 $N(\mu_1, \sigma_1^2)$, $N(\mu_2, \sigma_2^2)$에 대해서

$$\text{귀무가설 } H_0 : \mu_1 = \mu_2$$

를 검정한다.

그림 1.8.2
서로 다른 두 모집단의 예

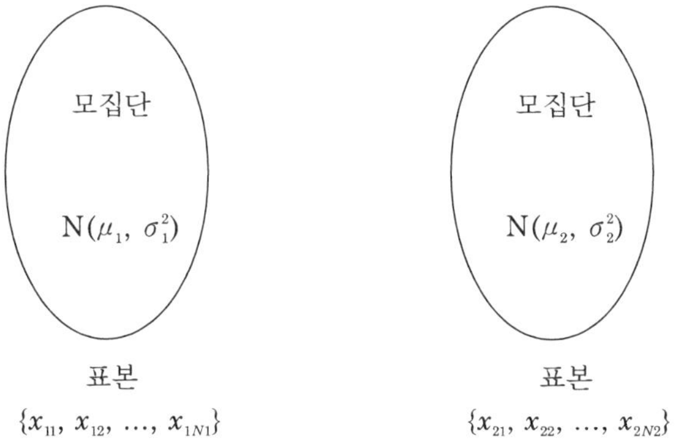

이 때, 검정통계량 F_0는 자유도$(1, N_1+N_2-2)$ 인 F 분포를 따르므로

$$F_0 \geqq F(1, N_1+N_2-2;\alpha)$$

이면, 유의수준 α 에서 귀무가설을 기각한다. 결국 차이가 있다고 할 수 있다.

2. 일원배치의 분산분석

다음과 같이 데이터가 주어져 있다고 가정하자.

【표 1.8.1】 일원배치의 데이터 형태

수준A_1	x_{11} x_{12} …… x_{1n_1}
수준A_2	x_{21} x_{22} …… x_{2n_2}
⋮	⋮ ⋮ ⋮
수준A_a	x_{a1} x_{a2} …… x_{an_a}

←1변수

이 때, 수준 $A_1, A_2, \cdots, A_a$ 사이에 차이가 있는지를 검정하는 것이 일원배치의 분산분석이다. 먼저 가설을 세워 다음과 같이 분산분석표를 작성한다.

귀무가설 H_0: 수준 A_1, $A_2, \cdots, A_a$ 사이에 차이가 없다.

【표 1.8.2】 일원배치의 분산분석표

변동	제곱합	자유도	평균제곱	F값
수준간의 변동	S_A	$a-1$	$M_A = \dfrac{S_A}{a-1}$	$F_0 = \dfrac{M_A}{M_E}$
수준내의 변동	S_E	$N-a$	$M_E = \dfrac{S_E}{N-a}$	

$$N = n_1 + n_2 + \cdots + n_a$$

그래서, 유의수준 α에 대해 검정통계량 F_0가

$$F_0 \geq F(a-1, N-a;\alpha)$$

이면 귀무가설을 기각한다. 결국 수준 간에 차이가 있다고 할 수 있다. 그러나 위에서의 차이의 검정은 어느 것이나 일변수인 경우이다. 판별분석은 다변량을 다루기 때문에, 검정통계량을 다변량인 경우로 확장해야만 한다. 그래서 Wilks의 Λ(Lambda, $0 \leq \Lambda \leq 1$)통계량을 도입하는 것이다. 이 값은 "그룹간의 변동을 표현하는 양"으로 알려져 있고, Λ가 0에 가까울수록 그룹간에 차이가 있음을 나타낸다. 따라서 이 Λ를 이용하면 그룹간의 차이를 검정할 수가 있다. 그래서,

귀무가설 H_0: 두개의 그룹 간에 차이가 없다

에 대해 Wilks의 Λ를 사용한 검정통계량 F_0가

$$F_0 = \frac{N_1 + N_2 - 3}{2} \cdot \frac{1-\Lambda}{\Lambda} \geq F(2, N_1 + N_2 - 3;\alpha)$$

이면 유의수준 α에서 가설 H_0를 기각한다.

다음과 같이 확실히 모집단과 표본의 관계를 표현하면, 이해가 더욱 깊어질 것이다.

【표 1.8.3】 모집단과 표본의 관계

그룹 G_1				그룹 G_2			
모평균	표본 평균	모분산공분산행렬	표본공분산행렬	모평균	표본 평균	모분산공분산행렬	표본공분산행렬
$(\mu_1^{(1)},\mu_2^{(1)})$	$(\overline{x_1^{(1)}},\overline{x_2^{(1)}})$	$\Sigma^{(1)}$	$\begin{bmatrix} s_{11}^{(1)} & s_{12}^{(1)} \\ s_{12}^{(1)} & s_{22}^{(1)} \end{bmatrix}$	$(\mu_1^{(2)},\mu_2^{(2)})$	$(\overline{x_1^{(2)}},\overline{x_2^{(2)}})$	$\Sigma^{(2)}$	$\begin{bmatrix} s_{11}^{(2)} & s_{12}^{(2)} \\ s_{12}^{(2)} & s_{22}^{(2)} \end{bmatrix}$

이 때, 가설은

$$\text{귀무가설 } H_0 : (\mu_1^{(1)}, \mu_2^{(1)}) = (\mu_1^{(2)}, \mu_2^{(2)})$$

로 둔다.

이것이 바로 일변수 모평균의 차이에 대한 검정의 가설

$$\text{귀무가설 } H_0 : \mu_1^{(1)} = \mu_1^{(2)}$$

의 일반화임을 쉽게 알 수 있다. 이 때,

$$\Sigma^{(1)} = \Sigma^{(2)}$$

의 관계가 성립한다는 가정이 필요한 것에 주의하자. [표 1.2.1] 데이터의 경우 Wilks의 Λ통계량은

$$\Lambda = 0.1561355$$

이다(그림 1.2.14 참조). 따라서 검정통계량 F_0는

$$F_0 = \frac{6+6-3}{2} \cdot \frac{1-0.1561355}{0.1561355} = 24.32 \geq F(2,9;0.05) = 4.2565$$

이므로 유의수준 5%에서 가설 H_0는 기각된다. 결국 미나마따병에 걸린 고양이의 그룹과 건강한 고양이의 그룹간에 통계적으로 유의한 차이가 있다는 것을 알 수 있다. 여기서, Wilks의 Λ통계량은

$$\Lambda = \frac{|\text{그룹내의 교차곱 행렬}|}{|\text{전 그룹의 교차곱 행렬}|}$$

로 정의한다(교차 곱; sum-of-squares and cross products). 또한 다음과 같은 대응이 있음을 유념하자.

일변수의 F-검정 → 다변량의 Wilks의 Λ검정.

일변수의 t-검정 → 다변량의 Hotelling의 T^2 검정.

1.9 판별분석 안내도

판별분석의 안내판

설명변수를 선택하자

⇩

두 그룹의 데이터를 입력하자 ⟵ 입력 미스는 없는가?

⇩

⇦⇦⇦⇦⇦	⇨⇨⇨⇨⇨	
⇩	⇩	
두 그룹의 공분산행렬이 같을 때	두 그룹의 공분산행렬이 다를 때	⟵ 공분산행렬의 동일성 검정
⇩	⇩	
선형판별함수에 의한 판별분석을 하자	이차판별함수에 의한 판별분석을 하자	
⇩	⇩	
각 표본은 어느 그룹에 속하는가?	각 표본은 어느 그룹에 속하는가?	
⇩	⇩	
정답률과 오분류률	정답률과 오분류률	
⇩	⇩	
새로운 표본은 어느 그룹에 속하는가?	새로운 표본은 어느 그룹에 속하는가?	
⇩	⇩	
원래 그룹 간에 차이는 있는가?	원래 그룹 간에 차이는 있는가?	⟵ Wilks의 Λ통계량

부 록

다음은 본문의 예제(미나마따병)에 대해 JMP대신 SAS를 이용하는 경우의 판별분석 데이터 및 프로그램이다. 다음 페이지에 출력 결과와 이에 대한 해석을 기술하였다.

【판별분석을 위한 SAS 프로그램】

```
data disc1;
 input disease $ brain liver @@;
 cards;
 I  9.1 54.5  I 10.4 68.0  I  8.2 53.5
 I  7.5 47.6  I  9.7 52.5  I  4.9 45.3
 G  2.3 31.8  G  0.7 14.5  G  2.5 33.3
 G  1.1 33.4  G  3.9 61.2  G  1.0 12.3
;
proc discrim listerr;             ☜ 재대체에 의해 오분류된 관측값만을 출력함
     class disease;
     var brain liver;
run;
proc discrim pool=test;           ☜ 각 그룹내의 공분산행렬의 동일성에 대한 검정
     class disease;
     var brain liver;
run;
```

【SAS 출력 I】

```
The DISCRIM Procedure
Linear Discriminant Function for disease
Variable              G              I

Constant       -2.81086      -13.02049
brain          -0.57325        2.85810
liver           0.21621        0.04329
```

【SAS 출력 II】

```
Posterior Probability of Membership in disease

                        Classified
          From          into
   Obs    disease       disease            G          I

    6     I             G           *   0.7737     0.2263

               * Misclassified observation

Number of Observations and Percent Classified into disease

      From
      disease              G              I          Total

      G                    6              0              6
                      100.00           0.00         100.00

      I                    1              5              6
                       16.67          83.33         100.00

      Total                7              5             12
                       58.33          41.67         100.00

      Priors             0.5            0.5

            Error Count Estimates for disease

                           G              I          Total

     Rate             0.0000         0.1667         0.0833
     Priors           0.5000         0.5000
```

위의 출력결과 I와 II는 미나마따병에 걸린 고양이와 건강한 고양이를 판별하기 위한 선형판별분석 결과이다. 모든 결과가 JMP 결과와 일치함을 알 수 있다. 출력결과 I으로부터 z_1, z_2를 각각 병에 걸린 그룹(그룹 1)과 건강한 고양이 그룹(그룹 2)의 표본선형판별함수로 다음과 같이 나타낼 수 있다.

$$z_1 = -13.02 + 2.86x_1 + 0.04x_2 \ .$$

$$z_2 = \ -2.81 - 0.57x_1 + 0.22x_2 \ .$$

따라서 두 그룹을 판별할 수 있는 선형판별함수는

$$z = z_1 - z_2 = -10.21 + 3.43x_1 - 0.18x_2$$

가 됨을 알 수 있으며, 이 함수에 의해 2개의 그룹을 판별한다. 이는 두 그룹의 공분산행렬이 같다는 전제 하에 유도된 선형판별함수이다.

또한 관측값을 사후확률에 의해 분류할 수 있는데, 출력결과 II로부터 그룹 1에 속하는 6번째 관측값의 사후확률이 0.7737로 매우 높게 나와 6번째 관측값이 그룹 2로 잘못 분류되었음을 알 수 있다.

【SAS 출력 III】

```
                    The DISCRIM Procedure
       Test of Homogeneity of Within Covariance Matrices

Notation: K    = Number of Groups
          P    = Number of Variables
          N    = Total Number of Observations - Number of Groups
          N(i) = Number of Observations in the i'th Group - 1

                                          N(i)/2
                 ||  |Within SS Matrix(i)|
          V    = ------------------------------------
                                    N/2
                    |Pooled SS Matrix|

                      -                      -     2
                     |        1         1     |  2P + 3P - 1
          RHO  = 1.0 - | SUM -----  -  ---    |  -------------
                     |_      N(i)        N   _|  6(P+1)(K-1)

          DF   = .5(K-1)P(P+1)
                                             _                      _
                                            |     PN/2               |
                                            |    N          V        |
 Under the null hypothesis:        -2 RHO ln | ------------------    |
                                            |          PN(i)/2       |
                                            |_   ||  N(i)           _|

 is distributed approximately as Chi-Square(DF).

                      Chi-Square         DF     Pr > ChiSq

                       8.240308           3       0.0413

Since the Chi-Square value is significant at the 0.1 level, the
within covariance matrices will be used in the discriminant
function.
Reference: Morrison, D.F. (1976) Multivariate Statistical
Methods p252.
```

출력결과 III는 두 그룹의 공분산행렬의 동일성 여부 검정(옵션, pool=test)을 위해 실행한 결과이다. 검정통계량은 자유도 3인 χ^2 분포에 근사하며 검정통계량의 값은 8.24로 유의확률이 0.0413으로 나타나 유의수준 5%에서 두 공분산행렬이 동일하다는 귀무가설을 기각하게 된다. 이 검정 결과에 따라 두 그룹의 분류에는 선형판별함수보다는 이차판별함수를 사용하는 것이 더 적절한 것으로 나타났다.

【SAS 출력 IV】

```
  Classification Summary for Calibration Data: WORK.DISC1
 Resubstitution Summary using Quadratic Discriminant Function

 Number of Observations and Percent Classified into disease

        From
        disease           G            I        Total
        G                 6            0            6
                     100.00         0.00       100.00

        I                 0            6            6
                       0.00       100.00       100.00

        Total             6            6           12
                      50.00        50.00       100.00

        Priors          0.5          0.5

              Error Count Estimates for disease

                           G            I        Total

       Rate           0.0000       0.0000       0.0000
       Priors         0.5000       0.5000
```

두 그룹의 공분산행렬의 이질성에 따라 추정된 이차판별함수에 의해 데이터를 재분류(resubstitution)한 결과(출력결과 IV)를 살펴보면, 그룹 1과 그룹 2에 속하는 모든 관측값이 제대로 올바르게 분류되었음을 알 수 있다. 따라서, 사전확률이 동일하다는 가정 아래서의 전체 데이터에 대한 총 오분류율도 (0+0)/12 = 0.00%로 나타났다.

연습문제

1. 벼룩갑충(flea-beetles)은 서로 구별하기 힘든 Ch.concinna와 Ch.heikertingeri 라는 두 종을 포함하고 있다. 다음 자료는 Lubischew(1962)가 측정한 두 종의 각 수컷들의 특징들이다. 여기서, x_1은 처음 두 tarsi(feet)의 첫 번째 관절의 너비의 합이고, x_2는 두 번째 관절의 너비의 합이다. 이 자료에 대해 두 종을 구별하기 위한 판별분석을 실시하라.

Ch. concinna		Ch. heikertingeri	
x_1	x_2	x_1	x_2
191	131	186	107
185	134	211	122
200	137	201	114
173	127	242	131
171	118	184	108
160	118	211	118
188	134	217	122
186	129	223	127
174	131	208	125
163	115	199	124
190	143	211	129
174	131	218	126
201	130	203	122
190	133	192	116
182	130	195	123
184	131	211	122
177	127	187	123
178	126	192	109

2. 어느 국제항공회사가 직원들을 업무(job type)에 따라 세 부류((1) customer service personal, (2) mechanics and (3) dispatchers)로 분류를 했다. 인력부서의 한 이사가 이 세 업무들이 개인성향에 따라 어떻게 다른지를 알고 싶어 한다. 그래서 야외 활동(outdoor activity), 사교성(sociability), 보수성(conservativeness)에 대한 관심의 정도를 보기 위해 각 직원들은 일련의 심리 테스트를 받았다. 자료는 심리 테스트 변수인 'outdoor interests', 'social', 'conservative' 와, 범주형 변수인 'job type'의 네 변수에 의한 244 관측값으로 구성되어 있다. 이 자료에 대해 세 수준을 구별하기 위한 판별분석을 실시하라.(출처: http://www.ats.ucla.edu/stat/sas/dae/discrim.htm)

Outdoor	Social	Conservative	Job	JID
10	22	5	1	1
14	17	6	1	2
19	33	7	1	3
14	29	12	1	4
14	25	7	1	5
20	25	12	1	6
6	18	4	1	7
13	27	7	1	8
18	31	9	1	9
16	35	13	1	10
17	25	8	1	11
10	29	11	1	12
17	25	7	1	13
10	22	13	1	14
10	31	13	1	15
18	25	5	1	16
0	27	11	1	17
10	24	12	1	18
15	23	10	1	19
8	29	14	1	20
6	27	11	1	21
10	17	8	1	22
1	30	6	1	23
14	29	7	1	24
13	21	11	1	25
21	31	11	1	26
12	26	9	1	27
12	22	9	1	28
5	25	7	1	29
10	24	5	1	30
3	20	14	1	31
6	25	12	1	32
11	27	10	1	33
13	21	14	1	34
11	23	5	1	35
8	18	8	1	36
5	17	9	1	37
11	22	11	1	38
14	22	11	1	39
22	22	6	1	40

Outdoor	Social	Conservative	Job	JID
16	28	6	1	41
12	25	8	1	42
12	25	7	1	43
15	21	4	1	44
11	28	8	1	45
11	20	9	1	46
15	19	9	1	47
15	24	7	1	48
15	21	10	1	49
17	26	7	1	50
12	28	13	1	51
7	28	12	1	52
14	12	6	1	53
22	24	6	1	54
22	27	12	1	55
18	30	9	1	56
16	18	5	1	57
12	23	4	1	58
16	22	2	1	59
15	26	9	1	60
7	13	7	1	61
6	18	6	1	62
9	24	6	1	63
9	20	12	1	64
20	28	8	1	65
5	22	15	1	66
14	26	17	1	67
8	28	12	1	68
14	22	9	1	69
15	26	4	1	70
15	25	10	1	71
14	27	6	1	72
15	25	11	1	73
11	26	9	1	74
10	28	5	1	75
7	22	10	1	76
11	15	12	1	77
14	25	15	1	78
18	28	7	1	79
14	29	8	1	80

Outdoor	Social	Conservative	Job	JID
17	20	6	1	81
13	25	14	1	82
9	21	12	1	83
13	26	13	1	84
16	24	10	1	85
20	27	6	2	1
21	15	10	2	2
15	27	12	2	3
15	29	8	2	4
11	25	11	2	5
24	9	17	2	6
18	21	13	2	7
14	18	4	2	8
13	22	12	2	9
17	21	9	2	10
16	28	13	2	11
15	22	12	2	12
24	20	15	2	13
14	19	13	2	14
14	28	1	2	15
18	17	11	2	16
14	24	7	2	17
12	16	10	2	18
16	21	10	2	19
18	19	9	2	20
19	26	7	2	21
13	20	10	2	22
28	16	10	2	23
17	19	11	2	24
24	14	7	2	25
19	23	12	2	26
22	12	8	2	27
22	21	11	2	28
21	19	9	2	29
18	24	13	2	30
23	27	11	2	31
20	23	12	2	32
19	13	7	2	33
17	28	13	2	34
20	24	5	2	35
21	23	11	2	36
17	21	15	2	37
11	25	12	2	38
14	19	14	2	39
18	24	5	2	40
13	14	7	2	41
22	18	16	2	42
25	17	13	2	43
19	25	13	2	44
20	20	9	2	45
21	25	11	2	46
17	24	11	2	47
18	26	10	2	48
21	29	11	2	49
17	21	12	2	50
17	19	12	2	51
17	16	6	2	52
16	22	5	2	53

Outdoor	Social	Conservative	Job	JID
22	19	10	2	54
19	23	12	2	55
16	23	9	2	56
18	27	11	2	57
21	24	12	2	58
15	22	13	2	59
19	26	12	2	60
14	17	11	2	61
15	23	7	2	62
23	20	16	2	63
22	26	15	2	64
13	16	11	2	65
25	29	11	2	66
23	24	7	2	67
17	29	9	2	68
21	19	7	2	69
15	13	6	2	70
19	27	14	2	71
22	24	14	2	72
17	18	8	2	73
21	19	8	2	74
24	18	13	2	75
21	12	9	2	76
15	17	8	2	77
24	22	14	2	78
19	19	7	2	79
23	16	10	2	80
21	29	12	2	81
20	19	11	2	82
18	28	0	2	83
23	21	16	2	84
17	17	8	2	85
17	24	5	2	86
17	18	15	2	87
17	23	10	2	88
19	15	10	2	89
17	20	8	2	90
25	20	8	2	91
16	19	8	2	92
19	16	6	2	93
19	19	16	3	1
17	17	12	3	2
8	17	14	3	3
13	20	16	3	4
14	18	4	3	5
17	12	13	3	6
17	12	17	3	7
14	21	16	3	8
19	18	12	3	9
18	16	15	3	10
15	14	17	3	11
20	15	7	3	12
24	20	13	3	13
16	16	17	3	14
17	15	10	3	15
17	10	12	3	16
11	16	11	3	17
15	18	14	3	18

Outdoor	Social	Conservative	Job	JID
20	19	16	3	19
14	22	16	3	20
13	15	18	3	21
16	14	13	3	22
12	12	6	3	23
17	17	19	3	24
10	8	16	3	25
11	17	20	3	26
13	16	7	3	27
19	15	13	3	28
15	11	13	3	29
17	11	10	3	30
15	10	13	3	31
19	14	12	3	32
19	14	15	3	33
4	12	11	3	34
13	12	15	3	35
20	13	19	3	36
14	18	14	3	37
10	12	9	3	38
11	12	19	3	39
8	20	8	3	40
14	16	7	3	41
18	20	15	3	42
19	7	13	3	43
21	13	11	3	44
14	26	15	3	45
25	16	12	3	46
18	11	19	3	47
14	16	6	3	48
13	20	18	3	49
20	16	14	3	50
12	14	8	3	51
16	19	12	3	52
21	15	7	3	53
18	23	15	3	54
19	11	13	3	55
17	18	9	3	56
4	10	15	3	57
17	17	14	3	58
14	13	12	3	59
15	16	14	3	60
20	13	18	3	61
20	14	18	3	62
16	22	12	3	63
9	13	16	3	64
15	13	13	3	65
18	20	10	3	66

2
군집분석

2.1 군집분석의 개요

"군집분석을 하면 무엇을 알 수 있을까?" 이것을 아는 것이 군집분석을 이해하기 위한 첫 걸음이 된다. 일반적으로 군집분석을 하면 p개의 변수로 이루어진 n개의 관찰 값을 그 변수들의 유사도(또는 근접도)에 따라서 $g(<n)$개의 집단으로 나눌 수 있다. 예를 들면, 꽃의 종류에 따라 꽃을 나타내는 변수가 있을 때 변수들의 유사도에 의해 꽃의 종류를 군집화 할 수 있다. 그리고 군집들 간의 관계를 파악하여 자료에 대해 탐색적으로 살펴 볼 수 있고, 군집분석의 결과를 통하여 군집화에 영향력이 큰 변수를 찾아 변수의 중요도를 알 수 있다.

관찰이나 실험 등을 통해 얻은 개체들을 분류한다는 것은 과학적 연구의 가장 근본이 되는 목표 중의 하나라고 볼 수 있다. 실제 p개의 변수로 구성된 n개의 개체들은 p-차원 공간에 흩어진 n개의 점으로 생각될 수 있으며 이들이 어떤 의미의 조밀성을 가지고 군집을 이루고 있는지에 대한 정보는 다변량 자료의 구조를 이해하는데 매우 중요한 의미를 가지게 된다. 여기서 같은 군집에 속한 개체들 사이에는 상대적 비상사성이 존재하는 것을 상정하게 된다. 이에 군집분석은 군집의 개수, 내용, 구조 등이 완전히 알려지지 않는 상태에서 특성을 파악하며, 개체들 사이의 상사성 또는 비상사성(거리)에 근거하여 군집을 찾고, 군집들 간의 관계를 분석하는 것을 주요내용으로 하는 일종의 탐색적 통계분석의 성격을 띤다. 군집분석과정은 요약해서 다음 4단계로 말할 수 있다.

【 단계1 】
n개의 개체에 대해 p개의 변수를 관찰하여 크기 $(n \times p)$인 자료행렬을 구한다.

【 단계2 】
n개의 개체 사이의 크기 $(n \times n)$인 상사(또는 비상사)행렬을 계산한다.

【 단계3 】
상사(또는 비상사)행렬에 근거하여 서로 배반적이거나, 계층적(Hierarchical)인 군집들을 형성한다.

【 단계4 】
각 군집의 성격이나 상호관계를 파악한다.

군집의 전형적인 유형을 살펴보면 다음과 같이 몇 가지로 나눌 수 있다.

- **상호 배반적 군집**

  각 개체가 상호배반적인 여러 군집들 중 어느 하나에만 속한다.

- **계층적 군집**

  한 군집이 다른 군집에 포함되나 군집간의 중복이 허용되지 않고 계층형식이 나뭇가지와 같은 구조를 취한다.

- **중복 군집**

  한 개체가 두 개 이상의 군집에 동시에 소속되는 상황을 허용한다.

• **퍼지(Fuzzy) 군집**

각 개체가 어떤 군집에 속할 확률이나 자격을 어떤 지표로 표현한다.

군집분석에 있어서 어려운 문제 중의 하나는 다음 [그림 2.1.1]에서와 같이 군집의 형태가 매우 다양하다는 점이다. 우선 (a)처럼 각 군집이 구형인 경우에는 대부분의 군집방법들이 만족할 만한 결과를 제공하지만, (b)와 같이 군집의 모양이 긴 경우 개체들 사이의 거리를 단순히 유클리드 거리로 측정하면 잘못된 결과를 얻게 된다. 즉, 개체 B는 C와 같은 군집에 속하는 데에도 불구하고 유클리드 거리상 A 와 더 가깝다고 판정하게 된다. 또한, (c)의 경우에서는 개체 A와 B가 두 군집 사이의 고리역할을 하여 군집방법에 따라서는 하나의 군집으로 결론지을 수도 있게 된다.

그림 2.1.1
여러 가지 군집의 형태

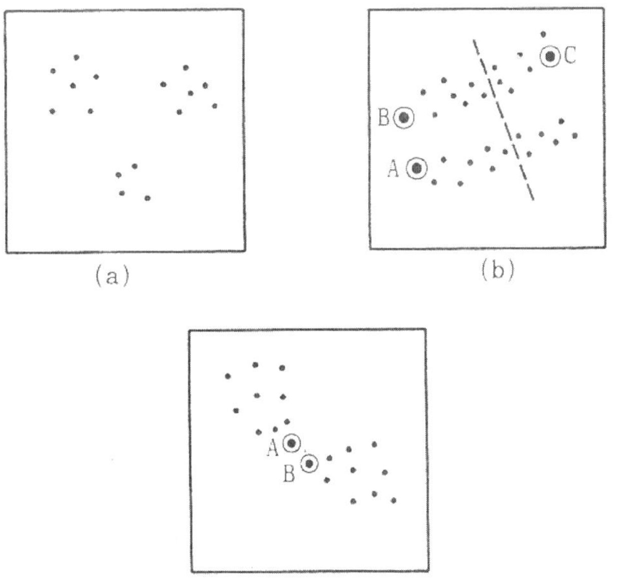

군집분석의 방법은 군집의 형태와 사용되는 상사성(또는 비상사성)의 척도와 연관되어 다양한 방법들이 있다. 일반적으로 고려되고 있는 변수가 세 개 이하인 경우에는 산점도등을 활용한 목측(目測)에 의해 군집관계를 파악하는 것도 바람직하나 변수의 수가 늘어나면 이러한 방법은 점차 어려워지

고 특히 연구자의 주관적 판단이 중요한 역할을 하게 된다. 더욱이 서로 다른 군집방법들은 상당히 다른 결과를 보일 수도 있어 사용된 군집방법이 가지는 특성을 잘 이해하는 것이 무엇보다 더 실제 분석에 도움이 된다고 할 수 있다.

2.2 JMP를 이용한 데이터 분석

군집분석을 이해하기 위해 먼저 데이터를 분석해 보도록 하자. 다음 자료는 Fisher의 붓꽃자료이다. 붓꽃자료는 세 가지($g=3$) 품종(Setosa, Versicolor, Virginica)의 붓꽃으로부터 각각 50 개($N_i, i=1,2,3$), 총 150 개(N)의 개체들을 추출해서 다음 4개(p)의 변수를 센티미터(cm) 단위로 측정 하였다.

X_1 : Sepal Length → 꽃받침조각의 길이.

X_2 : Sepal Width → 꽃받침조각의 폭.

X_3 : Petal Length → 꽃잎의 길이.

X_4 : Petal Width → 꽃잎의 폭.

먼저 Fisher의 붓꽃자료를 JMP에 저장하기 위해 [그림 2.2.1]과 같이 'Sepal.Length', 'Sepal.Width', 'Petal.Length', 'Petal.Width', 그리고 'Species'라는 변수명을 입력한다.

그림 2.2.1
분석 자료의 일부

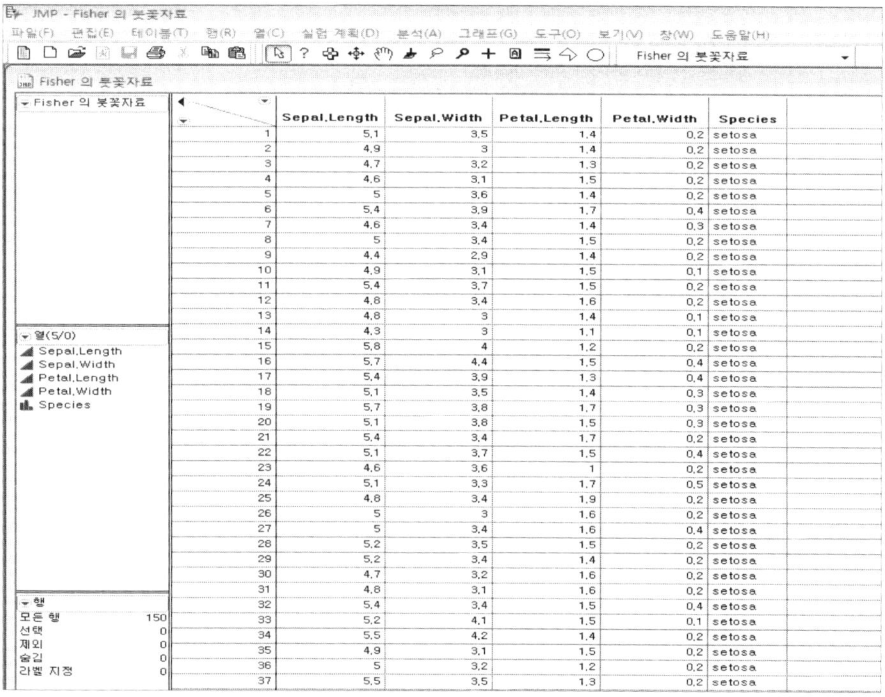

	Sepal.Length	Sepal.Width	Petal.Length	Petal.Width	Species
1	5.1	3.5	1.4	0.2	setosa
2	4.9	3	1.4	0.2	setosa
3	4.7	3.2	1.3	0.2	setosa
4	4.6	3.1	1.5	0.2	setosa
5	5	3.6	1.4	0.2	setosa
6	5.4	3.9	1.7	0.4	setosa
7	4.6	3.4	1.4	0.3	setosa
8	5	3.4	1.5	0.2	setosa
9	4.4	2.9	1.4	0.2	setosa
10	4.9	3.1	1.5	0.1	setosa
11	5.4	3.7	1.5	0.2	setosa
12	4.8	3.4	1.6	0.2	setosa
13	4.8	3	1.4	0.1	setosa
14	4.3	3	1.1	0.1	setosa
15	5.8	4	1.2	0.2	setosa
16	5.7	4.4	1.5	0.4	setosa
17	5.4	3.9	1.3	0.4	setosa
18	5.1	3.5	1.4	0.3	setosa
19	5.7	3.8	1.7	0.3	setosa
20	5.1	3.8	1.5	0.3	setosa
21	5.4	3.4	1.7	0.2	setosa
22	5.1	3.7	1.5	0.4	setosa
23	4.6	3.6	1	0.2	setosa
24	5.1	3.3	1.7	0.5	setosa
25	4.8	3.4	1.9	0.2	setosa
26	5	3	1.6	0.2	setosa
27	5	3.4	1.6	0.4	setosa
28	5.2	3.5	1.5	0.2	setosa
29	5.2	3.4	1.4	0.2	setosa
30	4.7	3.2	1.6	0.2	setosa
31	4.8	3.1	1.6	0.2	setosa
32	5.4	3.4	1.5	0.4	setosa
33	5.2	4.1	1.5	0.1	setosa
34	5.5	4.2	1.4	0.2	setosa
35	4.9	3.1	1.5	0.2	setosa
36	5	3.2	1.2	0.2	setosa
37	5.5	3.5	1.3	0.2	setosa

위 자료를 가지고 K-평균 군집방법에 의한 최적분리 군집분석을 시행해 보도록 한다. 최적분리 군집방법은 사전에 군집의 수를 결정해야 하는데 본 예제에서는 주성분 분석을 통하여 군집의 수를 결정하였다. 주성분 분석을 하기 위해 먼저 [그림 2.2.2]와 같이 풀다운 메뉴에서 분석>다변량 방법>주성분을 선택한다. JMP를 이용한 주성분 분석은 최종후 외 2인(2007)을 참조하기 바란다.

그림 2.2.2
분석 방법 선택

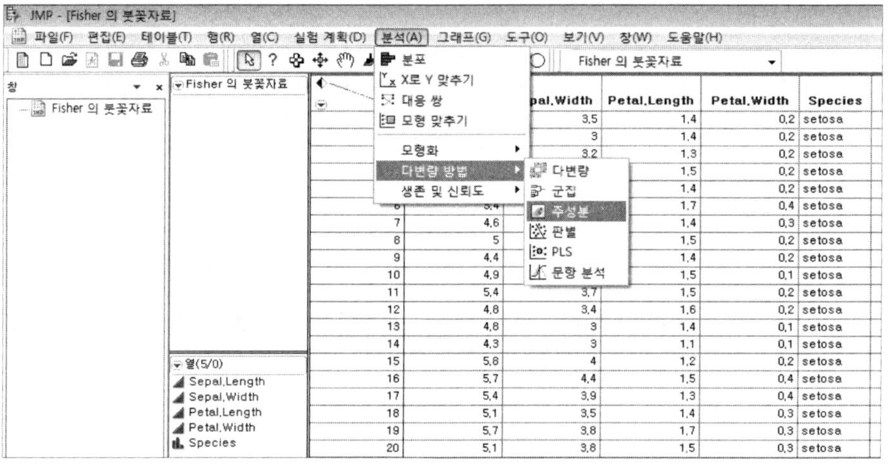

다음으로 [그림 2.2.3]에서 변수는 Y,열이라는 곳에 모두 다 지정하면 된다.

그림 2.2.3
분석 변수 선택

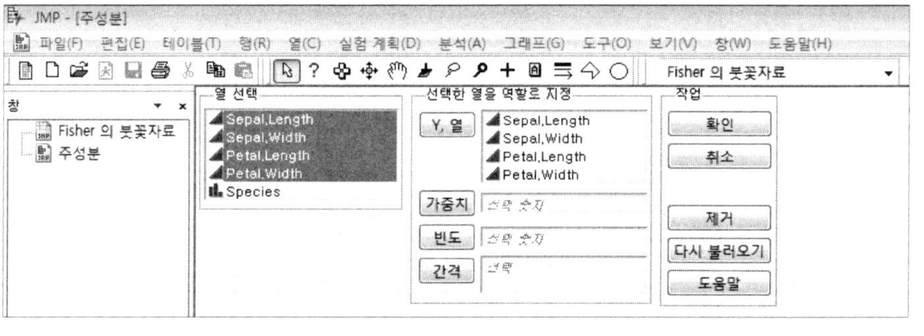

그러면 [그림 2.2.4]와 같이 상관행렬에 의거한 방법(상관관계상)을 이용한 분석결과를 보여 준다.

그림 2.2.4
주성분 분석 결과: 상관행렬 이용

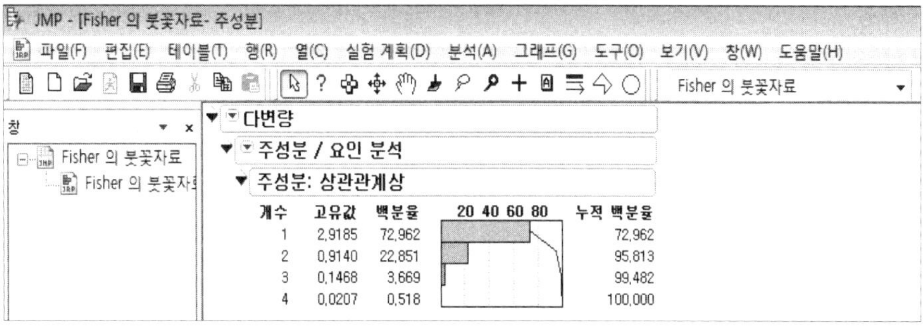

위의 결과에서 누적백분율을 보면 제2주성분까지의 기여율이 95.813이므로 제1주성분(PRIN1)과 제2주성분(PRIN2)을 통해 군집의 수를 설명할 수 있음을 알 수가 있다. 따라서 두 주성분에 대한 점수 도표를 그려보면 [그림 2.2.5]와 같다.

그림 2.2.5
주성분 분석 결과: 점수 도표

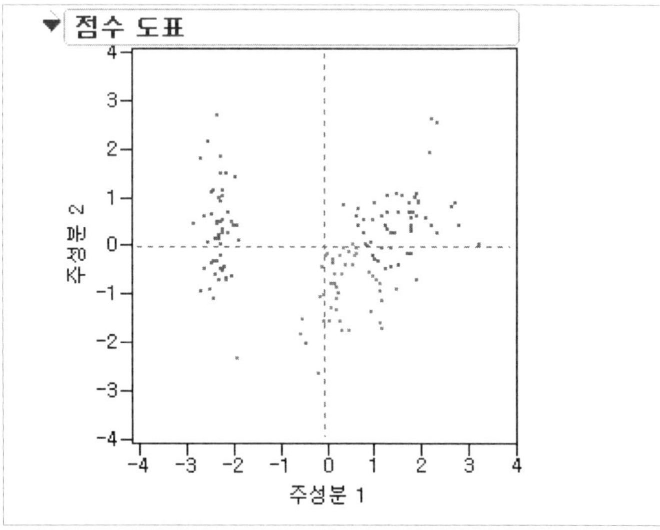

위의 그래프를 보면 대략 군집을 세 개로 정할 수 있음을 알 수가 있다. 물론 원 자료가 세 개의 종류로 나누어져 있지만 그래프를 통해 확연하게 알 수가 있다.

위의 주성분 분석을 통하여 군집을 세 개로 정하였으므로, 이제 K-평균 군집방법에 의한 군집분석을 해 보자. 먼저 [그림 2.2.6]과 같이 풀다운 메뉴에서 분석>다변량 방법>군집을 선택한다.

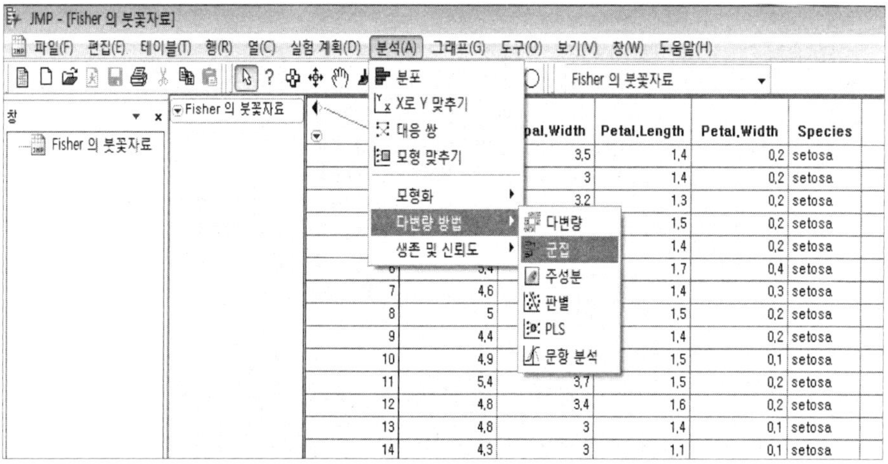

그림 2.2.6
분석 방법 선택

다음으로 [그림 2.2.7]에서 'Sepal.Length', 'Sepal.Width', 'Petal.Length', 'Petal.Width' 등 네 개의 변수를 Y,열이라는 곳에 모두 다 지정하고, 옵션은 'K-평균', 군집 수는 3으로 선택하고 확인버튼을 누른다.

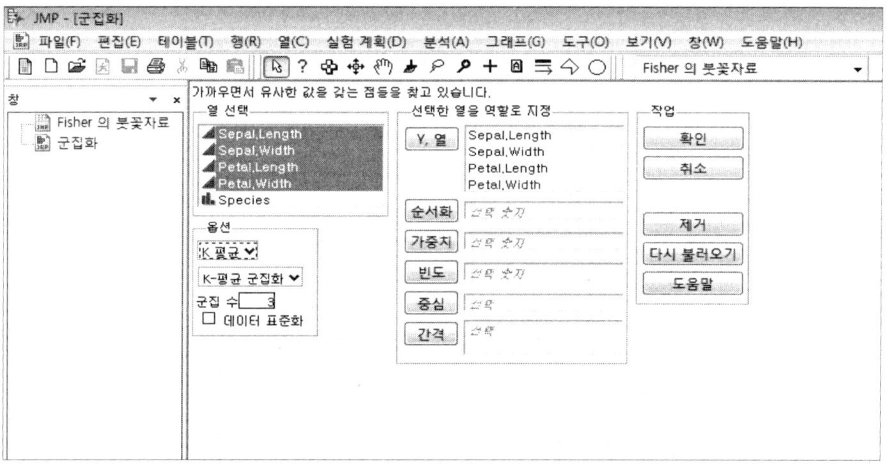

그림 2.2.7
분석 변수 선택

그러면 [그림 2.2.8]과 같은 초기 결과화면이 나온다. 이 결과를 보면 군집의 초기 씨드(Initial seeds)에서 각각의 변수에 대해 초기값을 어떻게 설정했는지를 보여주고 있다.

그림 2.2.8
최적분리 군집분석 초기 결과

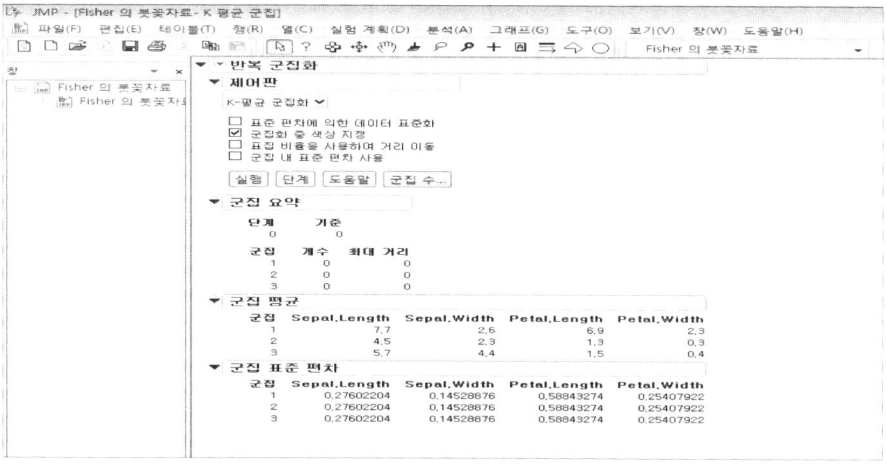

위 그림에서 실행을 누르면 [그림 2.2.9]와 같이 관측값을 각 군집에 할당하는 반복 과정이 실행되며 결과로부터 반복 14번 만에 최종 결과가 나왔음을 알 수 있다. 만일 한 단계씩 그 과정을 보고 싶다면 단계을 누르면 된다.

그림 2.2.9
최적분리 군집분석 결과

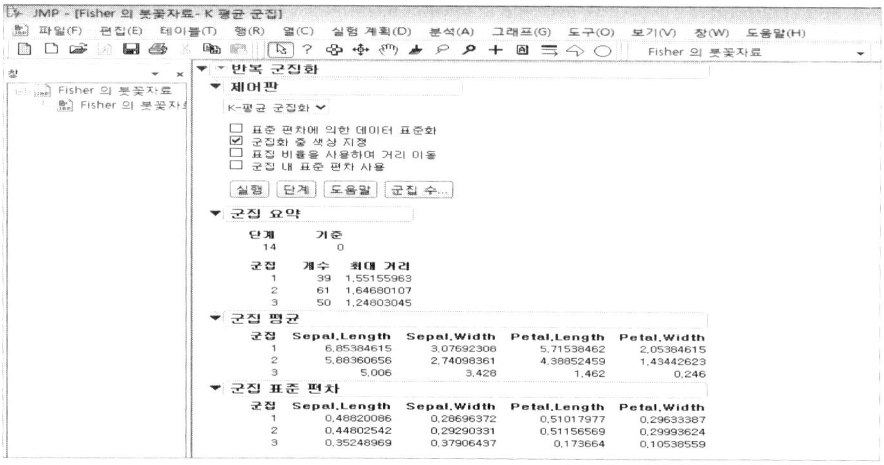

또한, 위의 결과는 각 군집과 변수에 대한 다양한 통계량을 정리해 놓은 것이다. 군집 1은 붓꽃의 종류가 VIRGINICA이고, 군집 2는 붓꽃의 종류가 VERSICOLOR이고, 군집 3은 붓꽃의 종류가 SETOSA이다.

그림 2.2.10
분석 결과 : 행렬도 선택

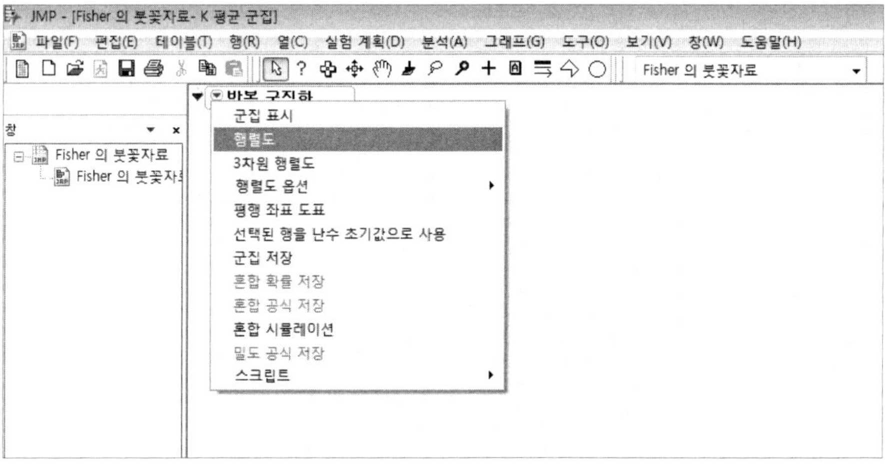

또한, 군집분석이 잘 되었는지를 보기 위해 위 결과 화면에서 드랍 다운리스트에서 행렬도를 [그림 2.2.10]과 같이 선택한다.

그림 2.2.11
분석 결과 : 행렬도

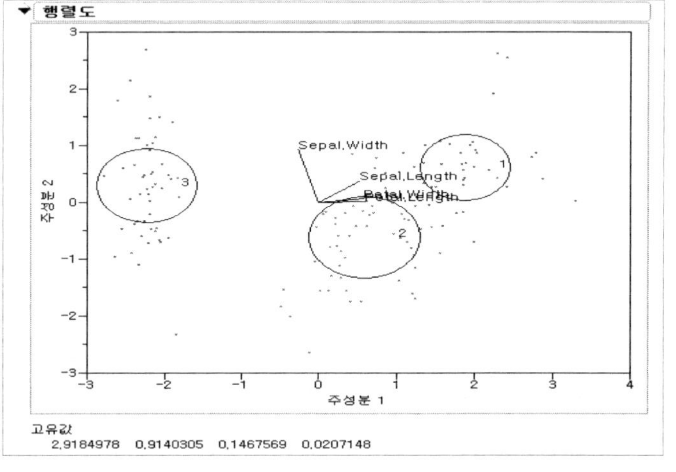

[그림 2.2.11]의 행렬도를 보면 관측값들이 대체로 잘 군집이 되었음을 알 수 있다.

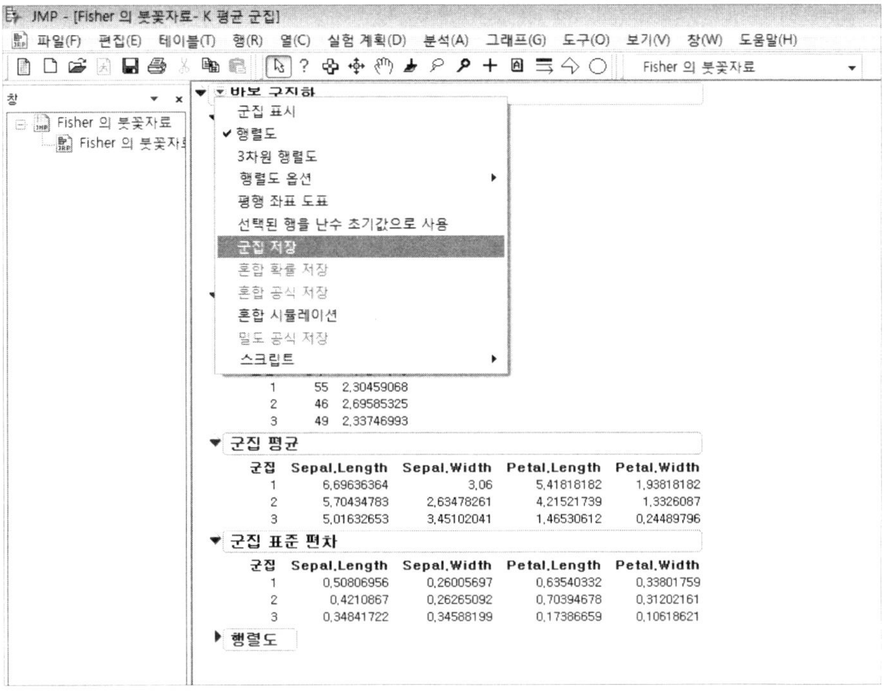

그림 2.2.12
분석 결과 :
군집 저장 선택

최종 군집의 수를 3으로 지정한 경우, [그림 2.2.12]와 같이 군집저장을 선택하면 [그림 2.2.13]과 같이 각 개체가 어느 군집에 속하는지를 보여 주고 있다.

그림 2.2.13

분석 결과 : 개체에 대한 군집의 할당의 일부

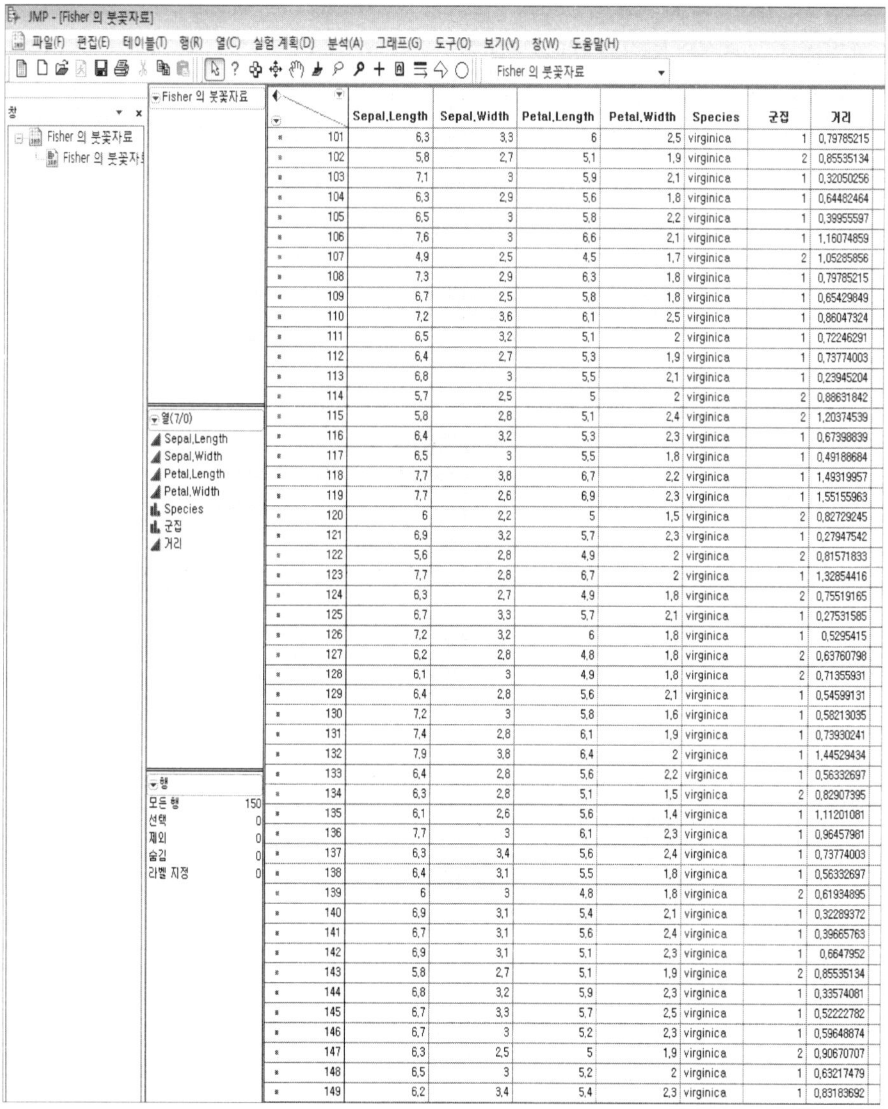

	Sepal.Length	Sepal.Width	Petal.Length	Petal.Width	Species	군집	거리
101	6,3	3,3	6	2,5	virginica	1	0,79785215
102	5,8	2,7	5,1	1,9	virginica	2	0,85535134
103	7,1	3	5,9	2,1	virginica	1	0,32050256
104	6,3	2,9	5,6	1,8	virginica	1	0,64482464
105	6,5	3	5,8	2,2	virginica	1	0,39955597
106	7,6	3	6,6	2,1	virginica	1	1,16074859
107	4,9	2,5	4,5	1,7	virginica	2	1,05285856
108	7,3	2,9	6,3	1,8	virginica	1	0,79785215
109	6,7	2,5	5,8	1,8	virginica	1	0,65429849
110	7,2	3,6	6,1	2,5	virginica	1	0,86047324
111	6,5	3,2	5,1	2	virginica	1	0,72246291
112	6,4	2,7	5,3	1,9	virginica	1	0,73774003
113	6,8	3	5,5	2,1	virginica	1	0,23945204
114	5,7	2,5	5	2	virginica	2	0,88631842
115	5,8	2,8	5,1	2,4	virginica	2	1,20374539
116	6,4	3,2	5,3	2,3	virginica	1	0,67398839
117	6,5	3	5,5	1,8	virginica	1	0,49188684
118	7,7	3,8	6,7	2,2	virginica	1	1,49319957
119	7,7	2,6	6,9	2,3	virginica	1	1,55155963
120	6	2,2	5	1,5	virginica	2	0,82729245
121	6,9	3,2	5,7	2,3	virginica	1	0,27947542
122	5,6	2,8	4,9	2	virginica	2	0,81571833
123	7,7	2,8	6,7	2	virginica	1	1,32854416
124	6,3	2,7	4,9	1,8	virginica	2	0,75519165
125	6,7	3,3	5,7	2,1	virginica	1	0,27531585
126	7,2	3,2	6	1,8	virginica	1	0,5295415
127	6,2	2,8	4,8	1,8	virginica	2	0,63760798
128	6,1	3	4,9	1,8	virginica	2	0,71355931
129	6,4	2,8	5,6	2,1	virginica	1	0,54599131
130	7,2	3	5,8	1,6	virginica	1	0,58213035
131	7,4	2,8	6,1	1,9	virginica	1	0,73930241
132	7,9	3,8	6,4	2	virginica	1	1,44529434
133	6,4	2,8	5,6	2,2	virginica	1	0,56332697
134	6,3	2,8	5,1	1,5	virginica	2	0,82907395
135	6,1	2,6	5,6	1,4	virginica	1	1,11201081
136	7,7	3	6,1	2,3	virginica	1	0,96457981
137	6,3	3,4	5,6	2,4	virginica	1	0,73774003
138	6,4	3,1	5,5	1,8	virginica	1	0,56332697
139	6	3	4,8	1,8	virginica	2	0,61934895
140	6,9	3,1	5,4	2,1	virginica	1	0,32289372
141	6,7	3,1	5,6	2,4	virginica	1	0,39665763
142	6,9	3,1	5,1	2,3	virginica	1	0,6647952
143	5,8	2,7	5,1	1,9	virginica	2	0,85535134
144	6,8	3,2	5,9	2,3	virginica	1	0,33574081
145	6,7	3,3	5,7	2,5	virginica	1	0,52222782
146	6,7	3	5,2	2,3	virginica	1	0,59648874
147	6,3	2,5	5	1,9	virginica	2	0,90670707
148	6,5	3	5,2	2	virginica	1	0,63217479
149	6,2	3,4	5,4	2,3	virginica	1	0,83183692

분석결과, 군집 1의 객체 중 14개가 군집 2로 분류되어 있고, 군집 2의 객체 중 3개가 군집 1로 분류되어 있으며, 군집 3은 제대로 다 분류되었음을 알 수 있다.

2.3 상사성과 비상사성

군집분석을 수행하기 위해서는 우선 군집되는 각 개체들 간의 상사성 혹은 비상사성(Similarity/Dissimilarity)의 정도를 측정하는 기준척도가 필요할 것이다. 사실 대부분의 군집방법들을, 주어진 개체들 간의 상사나 비상사의 관계를 그 개체들 간의 '거리'라는 개념을 통해 요약하려는 시도로서 생각할 수 있다.

이 부분에 일반적으로 많이 사용되는 비상사성 그리고 상사성의 척도 몇 가지를 살펴보기로 한다. 우선 X_{ik}를 i번째 개체의 k번째 변수에 대한 측정값이라 하고, 개체 i의 p개 변수에 대한 측정값들의 집합을 i번째 행벡터 $X_i' = (X_{i1}, X_{i2}, \cdots, X_{ip})$, 그리고 모든 개체에 대해서는 크기가 n인 표본의 $(n \times p)$ 자료행렬 X를 다음과 같이 표기하기로 한다.

$$X = \begin{pmatrix} X_{11} & X_{12} \cdots & X_{1p} \\ X_{21} & X_{22} \cdots & X_{2p} \\ & \cdot & \\ & \cdot & \\ & \cdot & \\ X_{n1} & X_{n2} \cdots & X_{np} \end{pmatrix} = \begin{pmatrix} X_1' \\ X_2' \\ \cdot \\ \cdot \\ \cdot \\ X_n' \end{pmatrix}.$$

1. 표본평균벡터와 표본공분산행렬

① 표본평균벡터$(p \times 1)$

p개의 변수에 대한 표본평균벡터는 다음과 같다.

$$\overline{X} = \begin{pmatrix} \overline{X_1} \\ \overline{X_2} \\ \cdot \\ \cdot \\ \cdot \\ \overline{X_p} \end{pmatrix} = \begin{pmatrix} \frac{1}{n}\sum_{i=1}^{n} X_{i1} \\ \frac{1}{n}\sum_{i=1}^{n} X_{i2} \\ \cdot \\ \cdot \\ \cdot \\ \frac{1}{n}\sum_{i=1}^{n} X_{ip} \end{pmatrix}.$$

② 표본공분산행렬$(p \times p)$

p개의 변수에 대한 표본공분산행렬은 다음과 같다.

$$S = \frac{1}{n-1}\sum_{i=1}^{n}(X_i - \overline{X})(X_i - \overline{X})'$$

2. 거리(비상사성)의 척도

서로 다른 관찰벡터 $X_i = (X_{i1}, X_{i2}, \cdots, X_{ip})'$와 $X_j = (X_{j1}, X_{j2}, \cdots, X_{jp})'$ $(i, j = 1, 2, \cdots, n, i \neq j)$ 사이의 비상사성을 측정하는 가장 기본적인 방법은 X_i'와 X_j' 간의 '거리(Distance)' $d_{ij} = d(X_i, X_j)$를 측정하여 모든 개체의 쌍에 대해 다음과 같은 크기 $(n \times n)$의 거리행렬 D,

$$D = \begin{pmatrix} d_{11}\, d_{12} \cdots & d_{1j} \cdots & d_{1n} \\ d_{21}\, d_{22} \cdots & d_{2j} \cdots & d_{2n} \\ & \cdots\cdots & \\ d_{j1}\, d_{j2} \cdots & d_{ij} \cdots & d_{in} \\ & \cdots\cdots & \\ d_{n1}\, d_{n2} \cdots & d_{nj} \cdots & d_{nn} \end{pmatrix}$$

를 얻는 것이다. 여기서 두 개체 i와 j사이의 '거리' d_{ij}는 X_i와 X_j에 대한 함수로서 다음과 같은 '거리' 조건들을 만족시키는 것을 원칙으로 한다.

- $d_{ij} \geq 0$, $d_{ii} = 0$.
- $d_{ij} = d_{ji}$.
- $d_{ik} + d_{jk} \geq d_{ij}$.

위의 조건을 만족시키는 거리는 두 개체의 비유사성(Dissimilarity)의 척도이다. 두 개체 사이의 거리의 종류는 일반적으로 다음과 같다. 대부분의 군집 알고리즘들은 위와 같은 d_{ij}를 원소로 하는 크기 $n \times n$의 거리행렬 D를 사용하여 상대적으로 거리가 가까운 개체들끼리 같은 군집을 이루게 하여 군집간의 변동에 비해 군집내의 변동을 작게 하는 점에 기인하고 있다. 거리를 측정하는 방법은 상당히 많은데 그중 많이 고려되고 있는 거리의 종류를 살펴보면 다음과 같다.

① 유클리드 거리 (Euclidean distance)

$$d_{ij} = \sqrt{(X_i - X_j)'(X_i - X_j)}.$$

② Mahalanobis 거리

$$d_{ij} = (X_i - X_j)' S^{-1} (X_i - X_j).$$

③ Minkowski 거리

$$d_{ij} = [\sum_{k=1}^{p} | X_{ik} - X_{jk} |^m]^{1/m}.$$

【 예제-거리 구하기 】

A, B, C 세 도시의 10월 평균 섭씨기온과 강우량(㎖)이 아래의 표와 같이 주어졌다고 가정하자.

도 시	평균기온	강 우 량
A	15	60
B	12	60
C	16	55

우선 유클리드 거리를 구해보자.

$$d(A,B) = [(15-12)^2 + (60-60)^2]^{1/2} = 3.0,$$
$$d(B,C) = [(12-16)^2 + (60-55)^2]^{1/2} = 6.4,$$
$$d(A,C) = [(15-16)^2 + (60-55)^2]^{1/2} = 5.1$$

로 주어진다. 그러나 만일 평균기온을 화씨로 측정하였다면, 세 도시 사이의 유클리드 거리는 (주 : 화씨온도 = 섭씨온도×(9/5)+32),

$$d(A,B) = 5.41,$$
$$d(B,C) = 8.77,$$
$$d(A,C) = 5.31$$

가 되며, 이는 섭씨 기온을 사용했을 때와는 달리 도시 A와 B사이의 ‘거리’

가 도시 A와 C사이의 '거리'보다 더 멀어지는 것을 알 수 있다. 이와 같은 문제를 감안하여 각 변수를 그것의 표준편차로 나눔으로서 거리의 정 단위를 근본적으로 없애는 변수별 표준화를 생각할 수도 있으며, 이를 더욱 일반화한 측도로서 Mahalanobis 거리는 표준화 뿐 아니라 변수들 사이의 상관계수도 고려하고 있다. 앞서 정의된 Mahalanobis 거리는, 정칙행렬(Nonsingular Matrix), A와 상수벡터 b를 사용한 $Y=AX+b$ 라는 변환에 대해 불변하다는 장점이 있다. 즉, $d(Y_i, Y_j)=d(X_i, X_j)$. 그러나 경우에 따라 군집간의 구별을 작게 한다는 단점도 아울러 가지고 있다. 특히 모든 변수간의 상관계수가 0이라면 S^{-1}는 각 변수의 표본분산의 역수로 구성된 대각행렬이 되므로, 이는 곧 각 변수별 표준화가 됨을 알 수 있다.

3. 상사성(유사성)의 척도

양적변수에 대해 측정된 두 개체 X_i와 X_j 사이의 '상사성(s_{ij})'은 여러 가지 방법으로 묘사될 수 있다. 그 중 하나로서 두 개체에 대한 변수들 사이의 상관계수, 즉

$$s_{ij}=s(X_i, X_j)=\frac{\sum_{k=1}^{p}(X_{ik}-\overline{X_{i\cdot}})(X_{jk}-\overline{X_{j\cdot}})}{\sqrt{\sum_{k=1}^{p}(X_{ik}-\overline{X_{i\cdot}})^2}\sqrt{\sum_{k=1}^{p}(X_{jk}-\overline{X_{j\cdot}})^2}},$$

여기서,

$$\overline{X_{i\cdot}}=\frac{1}{p}\sum_{k=1}^{p}X_{ik}\ ,\ \overline{X_{j\cdot}}=\frac{1}{p}\sum_{k=1}^{p}X_{jk}$$

를 많이 사용하기도 한다. 이와 같은 상관계수는 p-차원 공간에서 두 벡터(즉, 두 개체 X_i와X_j)사이의 사이각, θ_{ij}의 코사인(cosine)이 된다. 따라서 두 개체의 사이 각이 작을수록 $\cos(\theta_{ij})=s_{ij}$ 는 1로 접근하게 되어, 이는 곧 두 개체가 닮았다는 것을 의미하게 된다. 그러나 여기서 $\overline{X_{i\cdot}}$ 의 의미가 상관관계의 해석에서 부적절하며, 상관계수는 단지 두 변량간의 선형관계만을 측정한다는 단점 등으로 말미암아 사용하는데 여러 가지 제약이 따른다. 또 다

른 형태의 상사성의 측도로서 두 개체 X_i와X_j 사이의 비상사성의 척도인 '거리' d_{ij} 로부터 $s_{ij}=1/(1+d_{ij})$ 또는 $s_{ij}=$상수$-d_{ij}$ 등의 변환을 고려할 수 있다. 일반적으로 s_{ij}가 1에 가까울수록 두 개체간의 상사성은 크게 되는 것으로 해석된다.

4. 거리와 상사성의 관계

일반적으로 다음과 같은 세 가지 방법으로 상사성을 이용하여 거리를 구할 수 있다.

① $d_{ij}=1-s_{ij}$.

② $d_{ij}=\sqrt{1-s_{ij}}$.

③ $d_{ij}=\sqrt{2(1-s_{ij})}$.

2.4 군집방법과 종류

1. 계층적 군집방법(Hierarchical Clustering Method)

(1) 단일 연결법(Single Linkage Method)

최단 거리는 다음과 같이 정의한다.

$$d_{UV} = d(U, V) = \min[d(x,y)|x \in U, y \in V].$$

두 군집 U 와 V 사이의 거리 d_{UV} 를 각 군집에 속하는 임의의 두 개체들 사이의 거리 중 최단거리로 정의하여 가장 유사성이 큰 군집을 묶어 나가는 방법이다. 이러한 단일 연결법이 가지는 이점은 다음과 같다(Jardine과 Sibson, 1968).

- 수리적인 면이 매우 우수하다.
- 컴퓨터 처리시간이 비교적 빠르다.
- 단조변환에 대하여 나무구조가 불변하기 때문에 순서적 의미를 갖는 자료에 대하여 좋은 결과를 제공한다.

그러나 두 군집이 몇 개의 개체들로 연결된 '고리현상'이 있을 경우 부적절한 결과를 낳게 된다.

예를 들어 개체들 간의 거리행렬 D에 대해 단일 연결법을 설명하기로 한다.

【 단일연결법-예제 】

다음의 자료행렬, X에서와 같이 크기가 $5(N=5)$인 표본이 두 개의 변수 $(p=2)$ A, B에 대해 측정되었다 하자.

$$X = \begin{array}{c} \\ \text{개} \\ \\ \text{체} \\ \\ \end{array} \begin{array}{c} 1 \\ 2 \\ 3 \\ 4 \\ 5 \end{array} \overset{\begin{array}{cc} \text{변} & \text{수} \\ \text{A} & \text{B} \end{array}}{\begin{pmatrix} 1.0 & 1.0 \\ 1.0 & 2.0 \\ 6.0 & 3.0 \\ 8.0 & 2.0 \\ 8.0 & 0.0 \end{pmatrix}}$$

이 때 각 객체사이의 거리행렬 D는 유클리드 거리의 제곱을 취했을 때 다음과 같다.

$$D = \begin{array}{c} 1 \\ 2 \\ 3 \\ 4 \\ 5 \end{array} \overset{\begin{array}{ccccc} 1 & 2 & 3 & 4 & 5 \end{array}}{\begin{pmatrix} 0.0 & 1.0 & 29.0 & 50.0 & 50.0 \\ 1.0 & 0.0 & 26.0 & 49.0 & 53.0 \\ 29.0 & 26.0 & 0.0 & 5.0 & 13.0 \\ 50.0 & 49.0 & 5.0 & 0.0 & 4.0 \\ 50.0 & 53.0 & 13.0 & 4.0 & 0.0 \end{pmatrix}}$$

첫 단계로 $d_{12} = 1.0$ 이 최소이므로 개체 1과 2를 묶어 군집 (1, 2)를 만든다. 다음 군집 (1, 2)와 나머지 개체들 3, 4, 5와의 거리는

$$d\,[(3)(1,2)] = \min(d_{31}, d_{32}) = 26.0\ ,$$
$$d\,[(4)(1,2)] = \min(d_{41}, d_{42}) = 49.0\ ,$$
$$d\,[(5)(1,2)] = \min(d_{51}, d_{52}) = 50.0$$

이므로, 다음과 같은 거리행렬 D_1 을 얻는다.

$$D_1 = \begin{array}{c} (1,2) \\ 3 \\ 4 \\ 5 \end{array} \overset{\begin{array}{cccc} (1,2) & 3 & 4 & 5 \end{array}}{\begin{pmatrix} 0.0 & 26.0 & 49.0 & 50.0 \\ 26.0 & 0.0 & 5.0 & 13.0 \\ 49.0 & 5.0 & 0.0 & 4.0 \\ 50.0 & 13.0 & 4.0 & 0.0 \end{pmatrix}}.$$

두 번째 단계로서 $d_{45} = 4.0$ 이 최소값을 가지므로 개체 4와 5를 묶어 군집 (4, 5)를 만든다. 그러면,

$$d\,[(1,2)(4,5)] = \min[d\,\{(1,2)(4)\}\,,d\,\{(1,2)(5)\}\,] = d\,[(4)(1,2)] = 49.0$$
$$d\,[(3)(4,5)] = \min(d_{34},\, d_{35}) = 5.0$$

이므로 다음 거리행렬 D_2 를 얻는다.

$$D_2 = \begin{array}{c} \\ (1,2) \\ 3 \\ (4,5) \end{array} \begin{array}{c} \begin{array}{ccc} (1,2) & 3 & (4,5) \end{array} \\ \begin{pmatrix} 0.0 & 26.0 & 49.0 \\ 26.0 & 0.0 & 5.0 \\ 49.0 & 5.0 & 0.0 \end{pmatrix} \end{array}.$$

다음으로 군집 3과 (4, 5)를 묶어 군집 (3, 4, 5)를 이루고, 최종적으로 전체가 한 군집을 이루게 된다. 이와 같은 병합과정을 나무구조그림으로 나타내면 다음과 같다.

그림 2.4.1 단일연결 나무구조그림

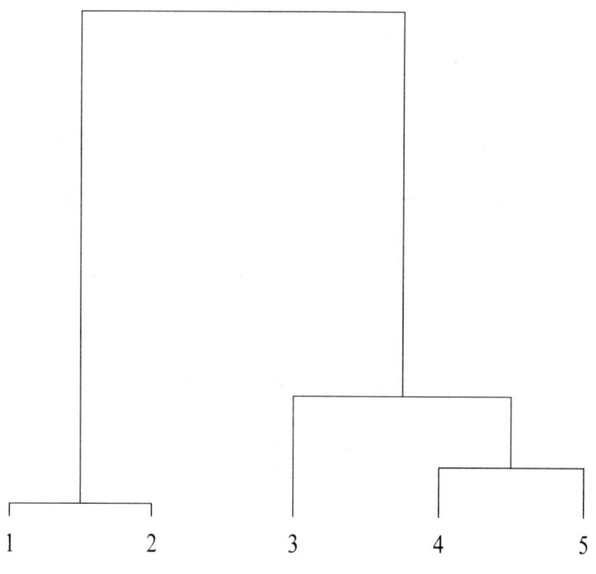

다음으로 위의 자료 X에 대해 JMP를 이용하여 단일연결법을 수행해 보도록 하자. 먼저 X의 자료를 [그림 2.4.2]와 같이 'A', 'B'라는 변수명으로 입력한다.

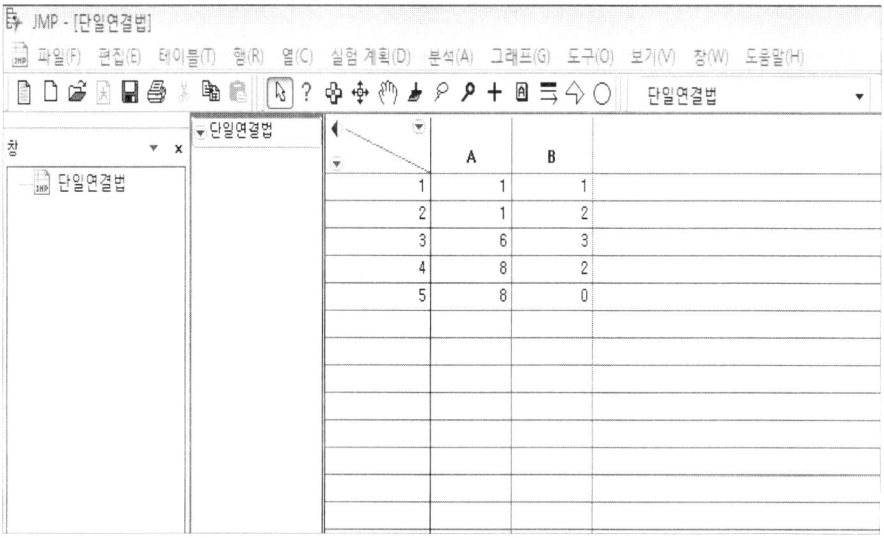

그림 2.4.2
분석 자료 입력

다음으로 풀다운 메뉴에서 분석>다변량 방법>군집을 선택한 뒤 모든 변수를 Y,열로 이동시키고, 단일이라는 옵션을 [그림 2.4.3]과 같이 선택한다.

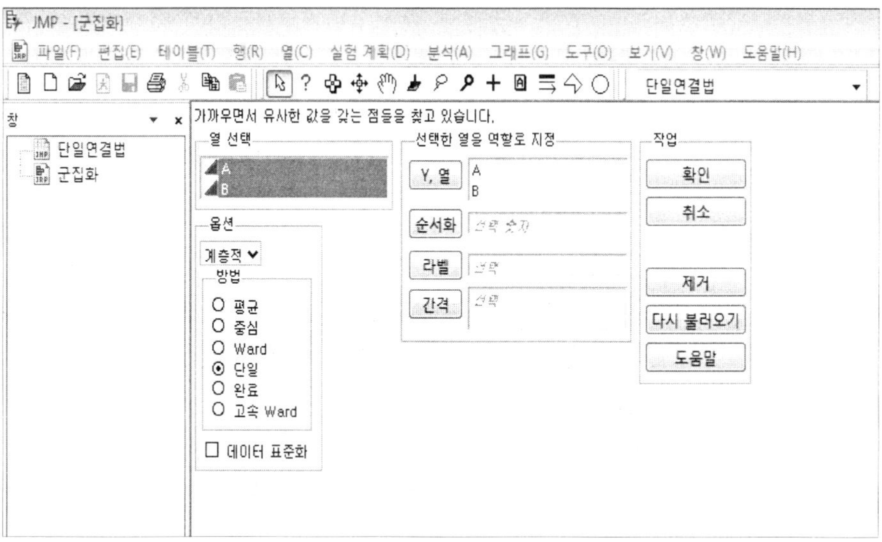

그림 2.4.3
분석 방법 선택

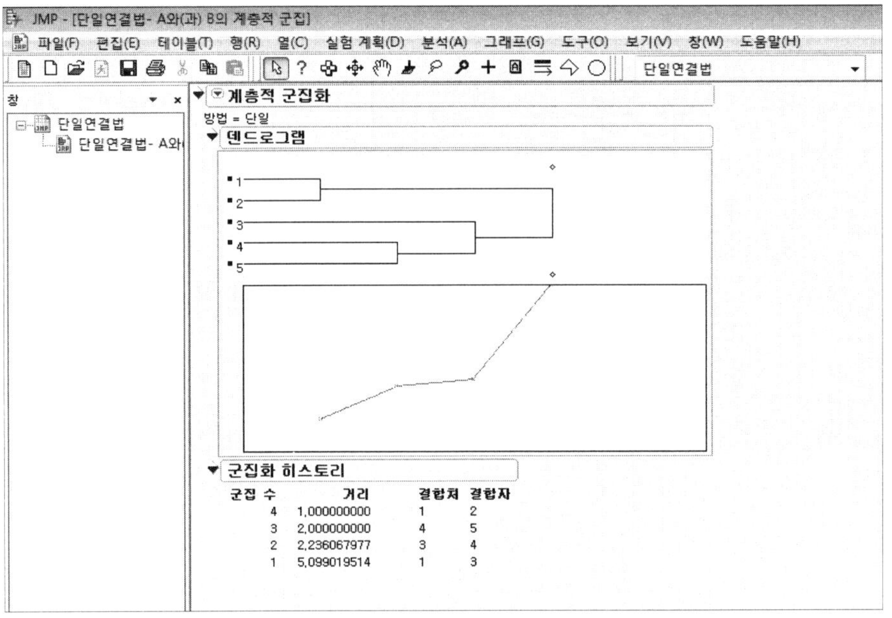

그림 2.4.4 단일연결법 분석 결과

[그림 2.4.4]를 보면 군집화 히스토리를 통해 병합과정을 알 수 있고, 또한 나무구조그림을 알 수가 있다.

(2) 완료연결법(Complete Linkage Method)

최장 거리는 다음과 같이 정의한다.

$$d_{UV} = d(U, V) = \max[d(x,y) | x \in U, y \in V]$$

두 군집 U 와 V 사이의 거리 d_{UV} 를 각 군집에 속하는 임의의 두 개체들 사이의 거리 중 최장거리로 정의하여 가장 유사성이 큰 군집을 묶어 나가는 방법이다. 이와 같은 완료연결법은 앞의 단일연결법과는 대조적인 관계가 있다. 일반적으로 단일연결법이 고립된 군집을 찾는데 유용하다면, 완료연결법은 군집들의 응집성에 중점을 둔다고 하겠다. 이런 점에 대한 보완방법으로써 다음에 설명되는 중심 연결법, 중위수 연결법, 평균 연결법 등이 제안되었다.

【 완료연결법-예제 】

앞의 단일 연결법에서 예로 사용했던 자료 X의 거리행렬 D를 가지고 완료연결법을 살펴보자.

$$D = \begin{array}{c} \\ 1 \\ 2 \\ 3 \\ 4 \\ 5 \end{array} \begin{array}{c} \begin{array}{ccccc} 1 & 2 & 3 & 4 & 5 \end{array} \\ \begin{pmatrix} 0.0 & 1.0 & 29.0 & 50.0 & 50.0 \\ 1.0 & 0.0 & 26.0 & 49.0 & 53.0 \\ 29.0 & 26.0 & 0.0 & 5.0 & 13.0 \\ 50.0 & 49.0 & 5.0 & 0.0 & 4.0 \\ 50.0 & 53.0 & 13.0 & 4.0 & 0.0 \end{pmatrix} \end{array}$$

첫 단계는 단일연결법과 같이 가장 가까운 두 군집을 병합함으로서 시작된다. 즉, $d_{12} = 1.0$ 이 최소값으로 개체 1과 2을 묶어 군집 (1, 2)를 만든다. 이 때, 군집 (1, 2)과 나머지 개체들 3, 4, 5와의 거리는

$$d[(3)(1,2)] = \max(d_{31}, d_{32}) = 29.0 \;,$$
$$d[(4)(1,2)] = \max(d_{41}, d_{42}) = 50.0 \;,$$
$$d[(5)(1,2)] = \max(d_{51}, d_{52}) = 53.0$$

이므로, 다음 거리행렬 D_1 을 얻는다.

$$D_1 = \begin{array}{c} \\ (1,2) \\ 3 \\ 4 \\ 5 \end{array} \begin{array}{c} \begin{array}{cccc} (1,2) & 3 & 4 & 5 \end{array} \\ \begin{pmatrix} 0.0 & 29.0 & 50.0 & 53.0 \\ 29.0 & 0.0 & 5.0 & 13.0 \\ 50.0 & 5.0 & 0.0 & 4.0 \\ 53.0 & 13.0 & 4.0 & 0.0 \end{pmatrix} \end{array}.$$

두 번째 단계로서 $d_{45} = 4.0$ 이 최소값으로 개체 4와 5를 묶어 군집 (4, 5)를 만든다. 그러면,

$$d[(1,2)(4,5)] = \max[d\{(1,2)(4)\}, d\{(1,2)(5)\}] = d[(5)(1,2)] = 53.0$$
$$d[(3)(4,5)] = \max(d_{34}, d_{35}) = 13.0$$

이므로 다음 거리행렬 D_2 를 얻는다.

$$D_2 = \begin{array}{c} \\ (1,2) \\ 3 \\ (4,5) \end{array} \begin{array}{c} \begin{array}{ccc} (1,2) & 3 & (4,5) \end{array} \\ \begin{pmatrix} 0.0 & 29.0 & 53.0 \\ 29.0 & 0.0 & 13.0 \\ 53.0 & 13.0 & 0.0 \end{pmatrix} \end{array}$$

다음으로 군집 3과 (4, 5)를 묶어 군집 (3, 4, 5)를 이루고, 최종적으로 전체가 한 군집을 이루게 된다.

이와 같은 병합과정을 JMP를 이용하여 나무구조그림으로 나타내 보자. 위 [그림 2.4.5]와 같이 단일대신 완료를 선택한다.

그림 2.4.5
분석 방법 선택

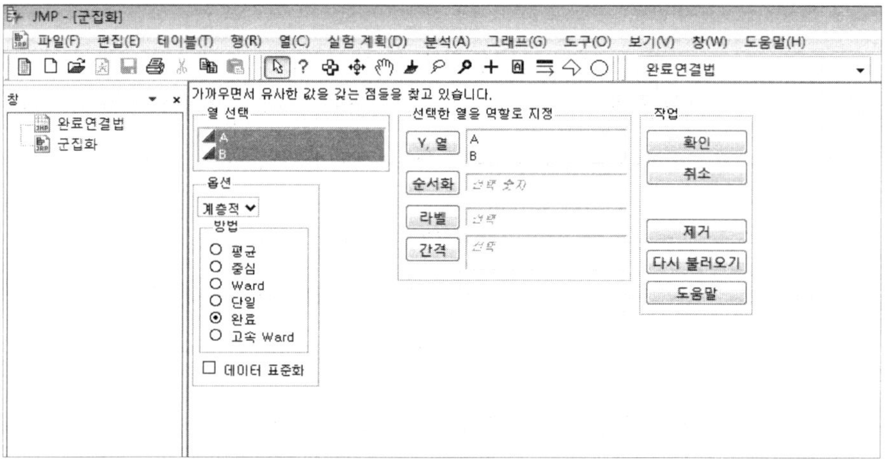

그림 2.4.6
완료연결법 분석 결과

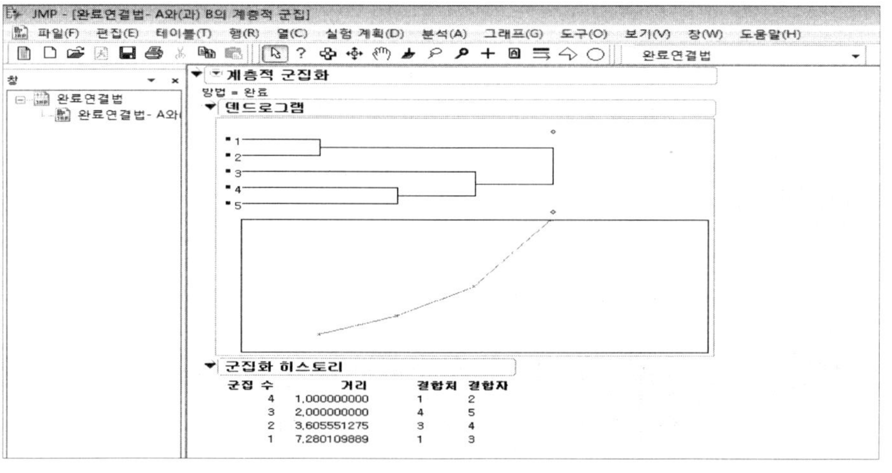

[그림 2.4.6]의 결과를 보면 병합과정과 나무구조그림을 알 수가 있는데, 이는 앞의 단일연결법의 결과와는 큰 차이가 보이지 않는 것으로 여겨진다.

(3) **평균 연결법**(Average Linkage Method)

크기가 각각 N_1, N_2 인 두 군집 U, V 사이의 거리를, 각 군집에서 하나씩의 개체를 택해 연결한 모든 가능한 $N_1 \times N_2$ 가지의 거리 d_{ij}의 평균을 다음과 같이 정의한다.

$$d_{UV} = d(U, V) = \frac{1}{N_1 N_2} \sum_i \sum_j d_{ij}.$$

두 군집 U 와 V 사이의 거리 d_{UV} 를 각 군집에 속하는 모든 개체들의 평균거리로 정의하여 가장 유사성이 큰 군집을 묶어 나가는 방법이다.

단일 연결법에서 사용한 [그림 2.4.1]의 자료에 대해 JMP를 이용하여 평균연결법을 수행해 보자. [그림 2.4.5]에서 완료대신 평균을 선택하고 확인을 누르면, [그림 2.4.7]과 같이 단일과 완료연결법 분석결과와 비슷한 결과를 보여 주고 있음을 알 수 있다.

그림 2.4.7

평균연결법 분석 결과

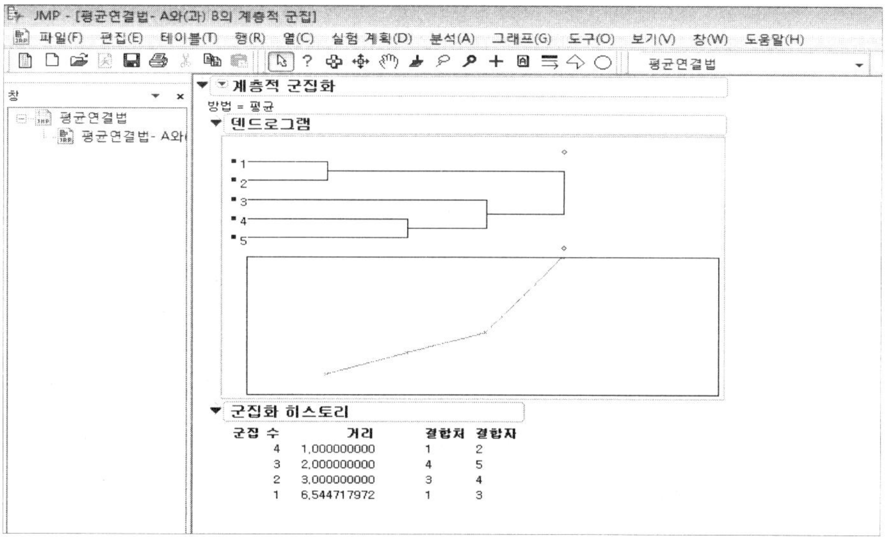

(4) 중심 연결법(Centroid Linkage Method)

U의 평균을 $\overline{X_1}$, V의 평균을 $\overline{X_2}$라고 표기하고 P를 두 군집 사이의, 유클리드 거리와 같은, 비상사성척도라고 하면 두 군집 U, V 사이의 거리는 다음과 같이 정의된다.

$$d_{UV} = d(U, V) = P(\overline{X_1}, \overline{X_2})$$

두 군집 U 의 중심점과 군집 V 의 중심점 사이의 거리를 두 군집 사이의 거리로 정의하여 가장 유사성이 큰 군집을 묶어 나가는 방법이다.

【중심연결법-예제】

앞의 단일 연결법에서 예로 사용했던 자료 X와 D를 가지고 중심연결법을 살펴보자.

$$X = \begin{array}{c} \\ 1 \\ 2 \\ 3 \\ 4 \\ 5 \end{array}\begin{array}{c} \begin{array}{cc} \text{A} & \text{B} \end{array} \\ \begin{pmatrix} 1.0 & 1.0 \\ 1.0 & 2.0 \\ 6.0 & 3.0 \\ 8.0 & 2.0 \\ 8.0 & 0.0 \end{pmatrix} \end{array},$$

$$D = \begin{array}{c} \\ 1 \\ 2 \\ 3 \\ 4 \\ 5 \end{array}\begin{array}{c} \begin{array}{ccccc} 1 & 2 & 3 & 4 & 5 \end{array} \\ \begin{pmatrix} 0.0 & 1.0 & 29.0 & 50.0 & 50.0 \\ 1.0 & 0.0 & 26.0 & 49.0 & 53.0 \\ 29.0 & 26.0 & 0.0 & 5.0 & 13.0 \\ 50.0 & 49.0 & 5.0 & 0.0 & 4.0 \\ 50.0 & 53.0 & 13.0 & 4.0 & 0.0 \end{pmatrix} \end{array}.$$

첫 단계로 $d_{12} = 1.0$ 이 최소이므로 개체 1과 2을 묶어 군집 (1, 2)를 만든다. 이 때 군집 (1, 2)의 중심(Centroid)은 각 변수에 대한 이들의 평균값이다. 따라서 아래와 같은 새로운 자료행렬 X^*가 얻어진다.

$$X^* = \text{군집} \begin{array}{c} \\ (1,2) \\ 3 \\ 4 \\ 5 \end{array}\begin{array}{c} \text{변 수} \\ \begin{pmatrix} 1.0 & 1.5 \\ 6.0 & 3.0 \\ 8.0 & 2.0 \\ 8.0 & 0.0 \end{pmatrix} \end{array}$$

이와 같은 절차는 모든 관찰값들이 하나의 군집을 이룰 때까지 반복된다.

이제 JMP를 이용하여 나무구조그림을 그려 보자. [그림 2.4.5]에서 완료대신 중심를 선택하고 확인을 누르면 [그림 2.4.8]과 같이 나무구조그림을 볼 수 있으며, 이와 같은 중심 연결법은 특이값에 의해 큰 영향을 받지 않는 것으로 알려져 있다.

그림 2.4.8
중심연결법 분석 결과

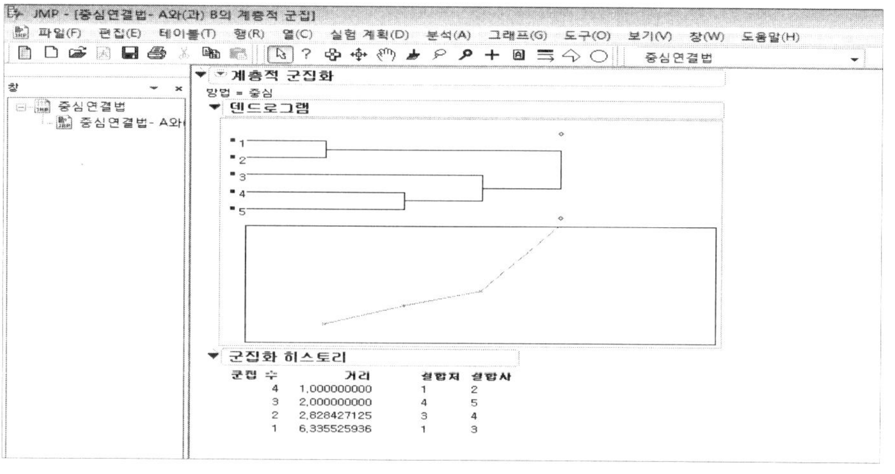

(5) **중위수 연결법(Median Linkage Method)**

두 군집 U 와 V 사이의 거리 d_{UV} 를 각 군집에 속하는 임의의 두 객체들의 평균을 합하여 2로 나눈 값(군집의 크기를 고려하지 않은 단순평균)을 근간으로 정의하여 가장 유사성이 큰 군집을 묶어 나가는 방법이다.

(6) **Ward의 방법**

두 군집 U 와 V 를 묶을 때 생기는 새로운 군집 i 에 속해 있는 객체들의 오차제곱합을 ESS_i (ESS : Error Sum of Squares)라고 하고 전체 군집의 오차제곱합을

$$ESS = \sum_{i=1}^{g} ESS_i$$

라고 한다. 여기서 $ESS_i = \sum_{j=1}^{N_i}\sum_{k=1}^{p}(X_{ijk} - \overline{X_{ik}})^2$ (군집 i의 ESS)이며, X_{ijk}는

현 단계에 있는 g개의 군집 중 N_i개의 개체를 포함하는 i번째 군집에서 j번째 개체의 k번째 변수에 대한 측정값이고, $\overline{X_{ik}} = \sum_{j=1}^{N_i} X_{ijk}/N_i$ (군집 i에서 변수 k의 평균값)($i = 1,2,\cdots,g$; $j = 1,2,\cdots,N_i$; $k = 1,2,\cdots,p$) 이다. 이제 그 내용을 살펴보면, Ward의 방법은, 새로운 군집으로 인하여 파생되는 ESS의 증가량을 두 군집 사이의 거리로 정의하여 가장 유사성이 큰 군집을 묶어 나가는 방법이다. 크기가 각각 N_1, N_2인 두 군집 U, V를 묶을 때 생기는 ESS의 증분은 다음과 같다.

$$\begin{aligned} E(U,V) &= \sum_{i \in U \cup V} \|X_i - \overline{X}\|^2 - \left[\sum_{i \in U} \|X_i - \overline{X_1}\|^2 + \sum_{i \in V} \|X_i - \overline{X_2}\|^2 \right] \\ &= \sum_{i=1}^{2} N_i \|\overline{X_i} - \overline{X}\|^2 \\ &= \|\overline{X_1} - \overline{X_2}\|^2 / (1/N_1 + 1/N_2)\,. \end{aligned}$$

단, $\overline{X_1}$, $\overline{X_2}$는 각각 두 군집 U, V의 중심(Centroid) 벡터이며

$\overline{X} = \dfrac{N_1\overline{X_1} + N_2\overline{X_2}}{N_1 + N_2}$ 이다.

Ward의 방법은 이 증분 $E(U,V)$를 두 군집 U, V사이의 거리로 정의 하는 것과 동일하다. 이는 군집 U, V가 멀리 떨어질수록 $E(U,V)$의 값이 크며 또한 정보의 손실이 크다는 것을 의미한다. 이 결과는 거리는 계산하는데 군집 중심 간의 거리에 가중값을 부여한다는 점에서 중심연결법과 구분된다. 이와 같은 Ward의 방법은 비슷한 크기의 군집끼리 병합하는 경향이 있다.

【예제 - Ward의 방법】

예로서 일변량($p=1$)인 경우 다음과 같은 크기가 5인 표본 X를 고려해 보자.

$$X' = (X_1, X_2, X_3, X_4, X_5) = (1,\ 2,\ 7,\ 9,\ 12).$$

설명을 돕기 위해 각 객체들을 문자 A, B, C, D, E로 대치시켜 아래와 같이 5단계에 걸쳐 ESS의 증분 계산을 요약하였다.

단계1	A=1 B=2 C=7 D=9 E=12
단계2	AB=0.5 AC=18 AD=32 AE=60.5 BC=12.5 BD=24.5 BE=50 CD=2 CE=12.5 DE=4.5
단계3	ABC=20.17 ABD=37.5 ABE=73.5 CD=2 CE=12.5 DE=4.5
단계4	ABE=73.5 CDE=10.67
단계5	ABCDE=73.64

위의 표에 대해 나무구조그림을 보면 다음과 같다.

그림 2.4.9
Ward 방법에 의한 나무구조그림

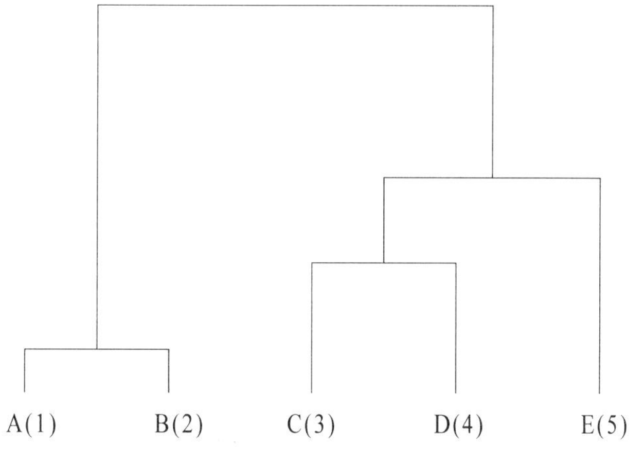

이제 위 자료 X에 대해 JMP를 이용하여 Ward 방법을 수행해 보도록 하자. 먼저 X의 자료를 [그림 2.4.10]과 같이 'X'라는 변수명을 입력하고, 풀다운 메뉴에서 분석>다변량 방법>군집을 선택한 뒤 Ward옵션을 선택한다.

그림 2.4.10
분석 자료

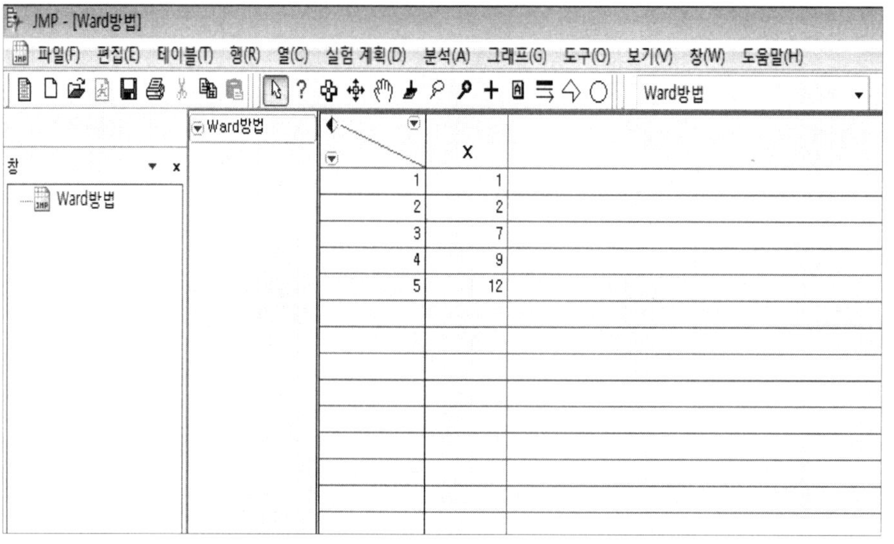

그림 2.4.11
Ward 방법 분석 결과

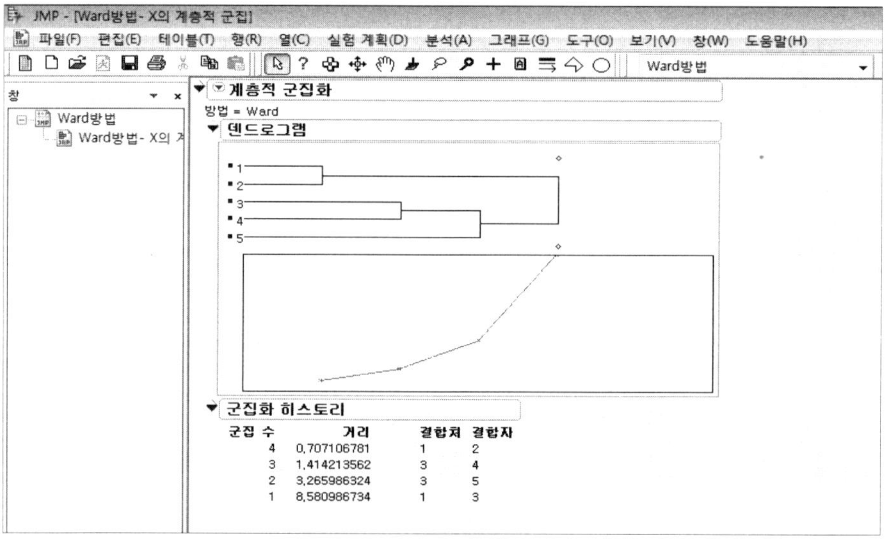

[그림 2.4.11] 결과를 보면 [그림 2.4.9]의 나무구조그림과 연결 관계가 같음을 알 수가 있다.

다음으로 2.2절의 Fisher의 붓꽃자료를 사용하여 분석을 수행해 보도록 하자. [그림 2.4.12]와 같이 풀다운 메뉴에서 분석>다변량 방법>군집을 선택한 뒤 'Sepal.Length', 'Sepal.Width', 'Petal.Length', 'Petal.Width' 등 네 개의 변수를 Y,열로 이동시키고, 계층적옵션을 선택하고 Ward 방법을 선택한다.

그림 2.4.12
분석 방법 선택

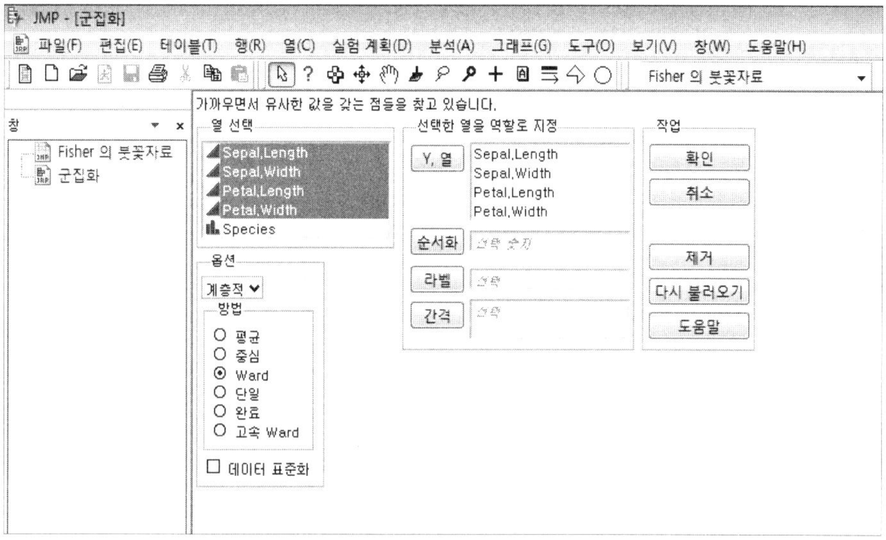

그림 2.4.13
군집 수 선택

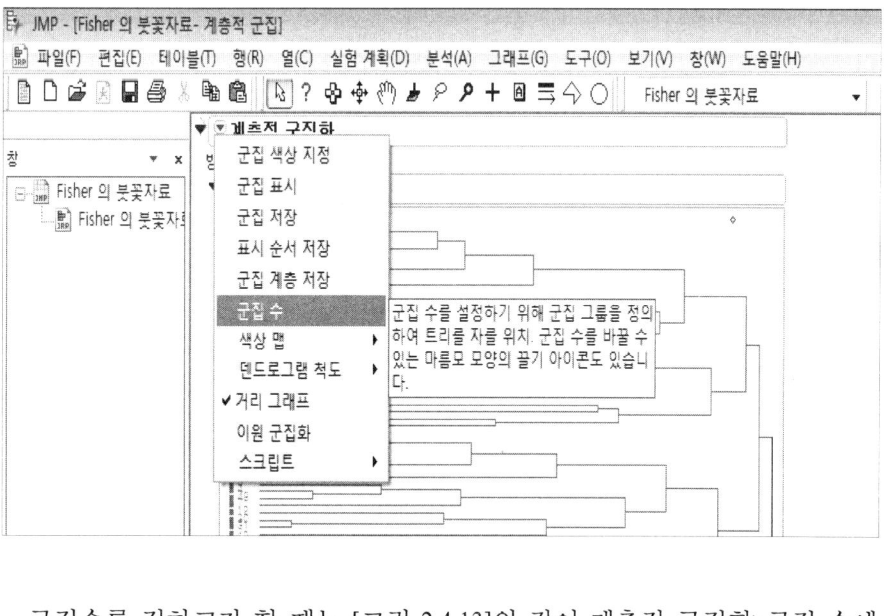

군집수를 정하고자 할 때는 [그림 2.4.13]와 같이 계층적 군집화>군집 수에서 정하거나, 그림의 오른쪽 위 부분의 작은 동그라미('o')를 마우스로 클릭한 뒤 이동시키면 된다.

그림 2.4.14
덴드로 그램

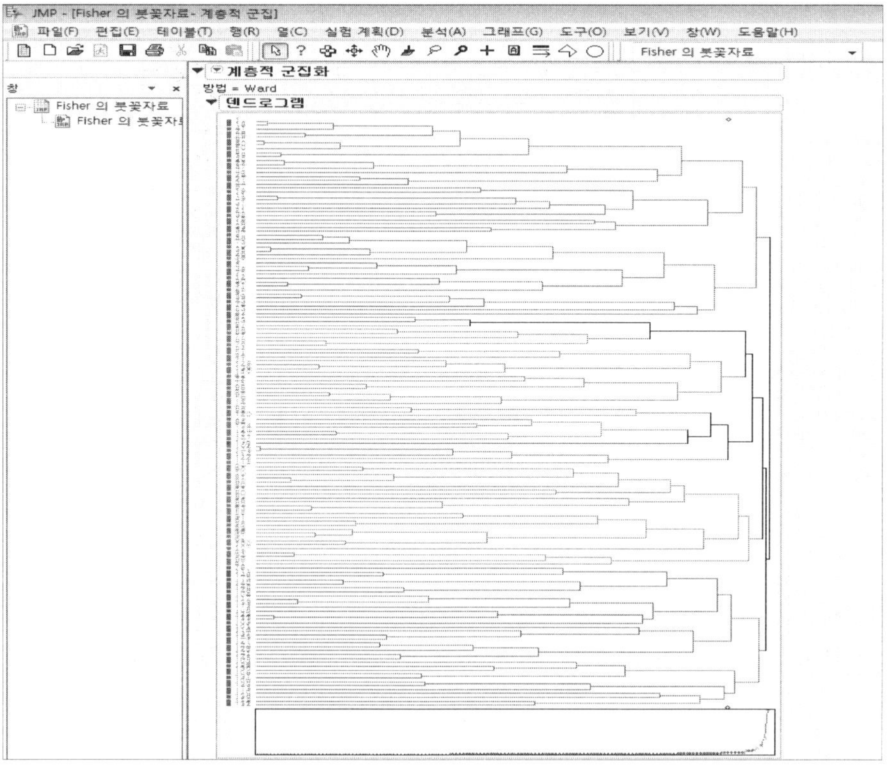

군집분석 결과, [그림 2.4.14]를 통해서 대략 3개로 군집을 나눌 수 있음을 알 수 있다.

2. 비계층적 군집방법(Non-Hierarchical Clustering Method)

최적분리 군집방법(k-Means Clustering)은 계보적인 방법으로 군집을 형성하지 않고 관측값들을 몇 개의 군집으로 구분시키는 형태를 택하고 있다. 이와 연관된 방법들은 통상적으로 미리 규정된 판정기준을 최적화시키도록 시도하고 있으며, 많은 경우 연구자에 의해 군집의 개수가 미리 결정되어 있다. 일반적으로 이 방법은 크게 다음과 같은 두 가지 절차를 따르고 있다. 그 첫째는 군집의 초기 값을 규정하여 결정된 초기군집에 각 개체들을 할당하는 것이며, 둘째는 군집의 일부 개체들 또는 전체를 기준에 따라 최적분리에 이를 때까지 해당하는 규칙에 재할당하는 것이다. 한편, 계층적 군집방법이 초기에 부적절한 병합 또는 분리가 일어났을 때 회복될 수 없다는 단점을 최적분리방법은 개체의 재 할당을 통해 극복할 수 있다.

⑴ 군집의 초기값과 개체의 할당

이 방법을 사용하기 위해서는 우선 군집중심의 초기 추정값을 찾아야 하는데, 일반적으로 이것은 p-차원 공간에서 주어진 군집의 개수와 같은 k개의 점을 선택함으로서 시작된다. 이 k개의 초기값(혹은 초기점)을 선택하는 데는 여러 가지 절차들이 제시되어 왔다. 몇 가지 가능한 예들을 들어보면,

(i) 주어진 표본에서 처음 k개의 개체들을 초기 k개 군집의 중심으로 선택.

(ii) 임의로(Randomly) k개의 점들을 골라 초기값으로 사용.

(iii) 필요하다고 생각되는 군집의 개수보다 많은 초기값들을 각 변수와 표준편차 간격으로 고르고, 오차제곱합에 기초를 둔 판정기준이 충족될 때까지 군집의 수를 감소시키는 방법 등이 있다.

일단 군집중심의 초기값이 결정되면 다음 단계로 각 개체는 적절한 근접도(Proximity Measure)에 (예를 들면 유클리드 거리) 근거하여 k개의 초기중심에 가장 가까운 군집에 할당하고, 그 군집의 중심은 추가적으로 할당된 구성원에 의해 다시 계산된다. 이러한 할당과정은 반복되며 군집내(Within) 흐트러짐이 큰 군집은 다시 분리되고, 작은 군집들은 서로 병합되는 형식으로 진행되며, 이 때 군집의 개수인 k의 값이 변화될 수도 있다.

⑵ **판정기준과 개체의 재할당**

이제 다변량 분산분석 등에서 고려했던 산포(散布)행렬에 근거한 판정기준에 대하여 알아보자.

T를 전체 산포행렬, W를 군집내(Within-Cluster) 산포행렬, 그리고 B를 군집간(Between-cluster) 산포행렬이라 하고 다음과 같이

$$W=\sum_{i=1}^{k}\sum_{j=1}^{N_i}(X_{ij}-\overline{X_i})(X_{ij}-\overline{X_i})',$$

$$B = \sum_{i=1}^{K} N_i(\overline{X_i} - \overline{X})(\overline{X_i} - \overline{X})',$$

$$T = \sum_{i=1}^{k}\sum_{j=1}^{N_i}(X_{ij} - \overline{X})(X_{ij} - \overline{X})'$$
$$= \sum_{i=1}^{k}\sum_{j=1}^{N_i}(X_{ij} - \overline{X_i})(X_{ij} - \overline{X_i})' + \sum_{i=1}^{k} N_i(\overline{X_i} - \overline{X})(\overline{X_i} - \overline{X})'$$

으로 표현한다. 일단 자료가 주어지면 T는 고정되므로 B와 W의 관계로부터 집단 내 산포행렬에 비해서 집단 간 산포행렬의 흩어짐이 크도록 하는 판정 기준을 생각할 수 있다. 이제 산포행렬의 크기를 행렬의 trace를 사용하여 측정하면, 아래에 주어지는 tr(W)를 최소화하는 군집방법을 생각 할 수 있다. 이러한 군집방법의 결과는 초기값이 결정된 후에 군집 내 산포도의 합이 최소가 되도록 주어진 개체들을 재할당하는 과정을 통해 구해진다.

$$tr(W) = \sum_{i=1}^{k} tr(W_i) = \sum_{i=1}^{k}\sum_{j=1}^{N_i}(X_{ij} - \overline{X_i})'(X_{ij} - \overline{X_i}).$$

한편, tr(W)를 최소화하는 것은, $A = (a_1, a_2, \cdots, a_k)$에 관한 다음 식을 최소로 하는 $p-$차원상의 k개의 점 $a_1, a_2, \cdots, a_k$를 찾아낸 다음 개체 $X_i\ (i = 1, 2, \cdots, N)$들을 k개의 점들 중 가장 가까운 거리에 있는 점끼리 묶는 k-평균(여기서는 군집의 개수가 k이므로 k-평균) 군집방법과 동일한 것이다.

$$\Psi(a) = \frac{1}{N}\sum_{j=1}^{N_i}\min\left[(X_j - a)'(X_j - a)\,;\, 1 \le i \le k\right].$$

이 때, $k-$평균이라 이름함은 앞에서 얻은 k개의 점들 $a_1, a_2, \cdots, a_k$에 해당하는 군집에 속한 개체들의 평균벡터가 되기 때문이다.

위의 내용을 요약하면 최적분리 군집방법은 각 개체를 가장 가까운 중심점에 할당하는 방법으로 일반적으로 다음 절차에 따라서 군집을 형성 한다.

- k 개의 초기 중심점을 선택한다.
- 각 개체를 가장 가까운 중심점을 갖는 군집으로 할당한 후 새로운 군집

의 중심점을 계산한다.

- 각 개체의 할당에 변화가 없을 때까지 위의 단계를 반복하여 최종적으로 g개의 군집을 형성한다.

k-평균 군집법은 거리 행렬을 필요로 하지 않으므로 규모가 큰 자료에 적용이 용이하다. 또한 단계마다 어느 군집에 할당된 개체의 소속이 변하지 않는 계층적 군집법과는 달리 매 단계마다 객체가 할당되는 군집이 다를 수 있다.

【 최적분리 군집방법-예제 】

2개 변수에 대해 측정된 7개 개체의 관찰값들이 아래와 같이 주어져 있고, 이들을 2개의 군집으로 분리시키고자 한다.

$$X = \begin{array}{c} \\ \text{개} \\ \\ \\ \\ \text{체} \\ \\ \end{array} \begin{array}{c} 1 \\ 2 \\ 3 \\ 4 \\ 5 \\ 6 \\ 7 \end{array} \overset{\text{변 수}}{\begin{pmatrix} 1.0 & 1.0 \\ 1.5 & 2.0 \\ 3.0 & 4.0 \\ 5.0 & 7.0 \\ 3.5 & 5.0 \\ 4.5 & 5.0 \\ 3.5 & 4.5 \end{pmatrix}}$$

사용되는 방법으로서 한 군집내의 모든 개체들은 다른 군집의 평균벡터보다 그 군집의 평균벡터에 더 가깝도록 군집시키고자 한다고 하자. 우선 두 개 군집의 초기값으로 유클리드 거리가 가장 먼 두 개체 1과 4를 선택한다. 이 단계에서 두 군집은 다음과 같다.

	군 집 1	군 집 2
개 체	1	4
평균벡터	(1.0, 1.0)	(5.0, 7.0)

다음 단계로서 나머지 개체들을 가장 가까운 평균벡터에 대응되는 군집에 할당시키고 평균벡터는 각 단계에서 다시 계산된다. 이 과정을 보면 아래와 같다.

단 계	군 집 1		군 집 2	
	구성원(개체번호)	평균벡터	구성원(개체번호)	평균벡터
1	(1)	(1.0,1.0)	(4)	(5.0,7.0)
2	(1,2)	(1.2,1.5)	(4)	(5.0,7.0)
3	(1,2,3)	(1.8,2.3)	(4)	(5.0,7.0)
4	(1,2,3)	(1.8,2.3)	(4,5)	(4.2,6.0)
5	(1,2,3)	(1.8,2.3)	(4,5,6)	(4.3,5.7)
6	(1,2,3)	(1.8,2.3)	(4,5,6,7)	(4.1,5.4)

구성원 (1,2)에서 평균벡터는 다음과 같이 계산되고,

$$(1+1.5)/2=1.25,\quad (1+2)/2=1.5 \rightarrow \text{평균벡터 : } (1.2,\ 1.5)$$

구성원 (1,2,3)에서 평균벡터는 다음과 같이 계산된다.

$$(1+1.5+3)/3=1.83,\quad (1+2+4)/3=2.3 \rightarrow \text{평균벡터 : } (1.8,\ 2.3)$$

이 때 각 개체가 그의 소속군집의 평균벡터에 가장 가까운지의 여부를 검사하게 된다. 개체 (3)은 위의 과정에서 군집 1에 소속되었는데, 사실 이는 군집 2의 평균벡터에 더 인접되어 있다. 따라서 위의 개체 (3)을 재 할당시킴으로서 최종결과는 다음과 같이 변경된다.

	군 집 1	군 집 2
개 체	(1, 2)	(3, 4, 5, 6, 7)
평균벡터	(1.2, 1.5)	(3.9, 5.0)

판정기준으로는 앞에서 설명한 tr(W)외에도 $|W|$, $tr(BW^{-1})$, 또는 $\prod_{i=1}^{g} N_i |W_i|$ 등을 고려할 수 있다. 이들은 각각 장단점을 가지고 있어 꼭 어느 기준이 우월하다고 할 수는 없으나 tr(W)는 구형(Spherical) 종류의 군집분석에, 그리고 $|W|$는 구형일 필요는 없으나 군집모양이 비슷한 경우에 판정기준으로 적절하다는 것이 밝혀졌다.

위의 자료 X에 대해 JMP를 이용하여 k-평균 최적분리 군집방법을 수행해 보도록 하자. 먼저 X의 자료를 [그림 2.4.15]과 같이 'A', 'B"라는 변수명을 입력한다.

그림 2.4.15
분석 자료

다음으로 풀다운 메뉴에서 분석>다변량 방법>군집을 선택한 뒤 모든 변수를 Y,열로 이동시키고, [그림 2.4.16]과 같이 군집 수 2와 함께 K-평균이라는 옵션을 선택한다.

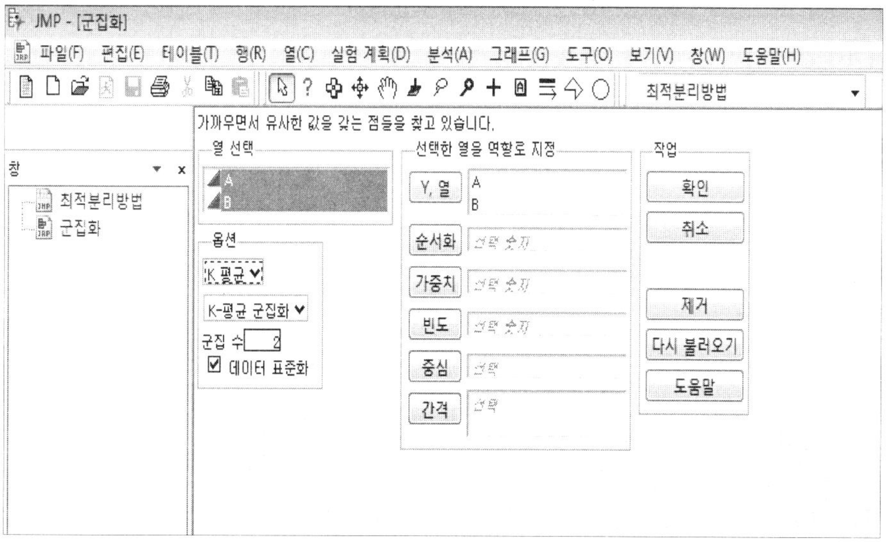

그림 2.4.16
분석 방법 선택

위의 그림에서 확인을 누르면 [그림 2.4.17]과 같은 결과화면이 나온다. 이 결과로 부터 각 군집의 평균과 표준편차와 같은 다양한 통계량과 두 군집을 구별하는 행렬도를 볼 수가 있는데, 각 군집의 평균들을 보면 서로 유의하게 차이가 있어 k-평균 최적분리 군집방법이 자료를 잘 군집해 주고 있음을 알 수가 있다.

그림 2.4.17
최적분리방법 분석 결과

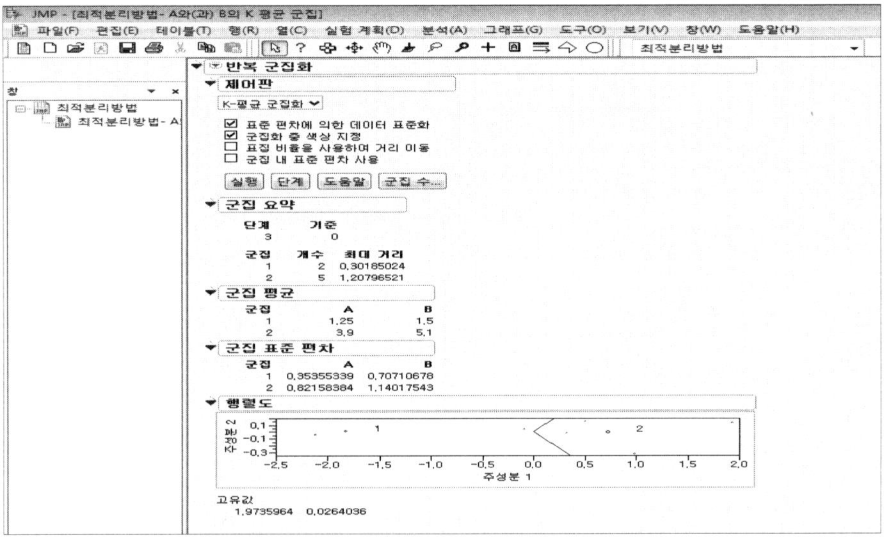

2.5 군집의 개수와 군집방법 선택

군집의 개수를 결정하는 문제는 일반적으로 인자분석에서 공통인자의 개수를 결정하는 것만큼 어렵다고 할 수 있다. 계층적 군집방법들도 이에 대한 적절한 지표를 제공하지 못하는 것은 마찬가지이나, 계층적 방법에서는 군집의 개수보다는 자료의 계보(계층)적 구조에 주된 관심이 있다고 하겠다. 이때에도 적절한 군집의 수는 주로 나무구조그림을 이용하여 병합되는 과정에서의 거리가 상대적으로 큰 변화를 보일 경우에 대한 군집 개수를 취한다. 특히 Ward 방법을 이용하는 경우 군집의 개수에 대한 ESS의 증분을 검토하여 급격한 변화가 일어나는 위치에서 대응되는 군집의 개수를 결정하기도 한다. 한편, 어떤 판정기준을 최적화시키는 군집방법에서는 군집의 개수에 대응되는 판정기준의 값을 플롯하여 급격한 변화를 보이는 곳에 대응되는 군집의 개수를 결정하는 방법이 통상적으로 많이 쓰인다. 나아가 자료의 모분포에 대한 적절한 가정 하에서 통계적 가설검정의 틀 안에서 군집의 개수를 알아보는 방법들도 있으나 일반적으로 만족할만한 타당성에는 미흡하다.

앞에서 살펴본 바와 같이 여러 가지 다양한 군집분석 방법들이 존재하나 실제 군집분석을 이용하고자 하는 연구자의 입장에서는 군집방법의 선택이라든가 결과의 해석상 어려운 국면에 봉착하는 경우가 많다. 어떤 군집방법을 선택할 때 고려되어야 할 사항으로는 수학적 또는 계산상의 문제는 물론 사용하고자 하는 분석방법의 기본적 가정들과 그들의 의미 그리고 고려되는 변수들의 특성을 들 수 있다. 두 개의 변수를 가진 개체들에 대한 군집방법을 고려할 때는 무엇보다도 산포도 등을 통한 일차적인 군집의 탐색이 선행되어야 할 것이다. 물론 이 경우 관찰자의 주관적 판단이 개입될 여지는 있으나 때때로 수리적인 알고리즘이 놓치기 쉬운 점들을 쉽게 알아낼 수 있다는 장점을 부인할 수 없다. 일반적으로 계층적 군집방법은 자료전체가 어떤 계보를 지니고 있을 때 유용하다. 가령, 생물표본의 분류에서 종-류-과-목 등과 같은 계보를 들 수 있다. 한편, 최적분리방법은 여러 가지 이점이 있지만 비교적 큰 자료를 처리하는 데는 좋은 계산능력이 있는 컴퓨터를 필요로 한다. 그런데, 대부분의 군집분석방법들은 특이값에 굉장히 민감하므로 이를 사전에 세밀히 검토하여 제거하는 것이 바람직하다.

나아가, 자료의 개괄적인 구조가 명백하지 않은 경우 다른 종류의 방법은 상당히 다른 결과를 낳을 수 있으며, 이런 관점에서 발견된 군집의 타당성 검토는 매우 중요하다고 여겨진다. 군집의 타당성을 검토하는 것은 다음과 같은 직관적인 방법들에 의해 가능하다.

첫째, 동일한 자료에 다른 가정에 기초를 둔 여러 가지 군집방법을 적용하였을 때 대부분의 방법에 제공된 결과가 유사한가를 살펴보는 일이다.

둘째, 주어진 자료를 임의적으로 두 부분으로 나누고 각 부분을 독립적으로 군집시키는 방법이다. 이 때 만약 군집들이 안정되어 있다면 그 결과는 유사할 것이다.

셋째, 어떤 군집분석 알고리즘에 의하여 얻어지는 군집의 안정성을 알아보기 위하여 몇 개의 변수를 제거하는 것이 군집이 구조에 어떤 영향을 미치게 될 것인가를 고찰하는 방법이 있다.

아무튼 이러한 군집분석은 다변량 자료분석의 첫 단계에 해당된다. 따라서 군집분석은 얻어진 군집을 그냥 받아들이기 보다는 다음 단계의 통계분석을 위한 '탐색적'인 면도 아울러 가지고 있다고 할 수 있다.

부 록

다음은 본문의 예제 데이터(붓꽃 자료)에 대해 JMP대신 SAS를 이용하는 경우의 군집분석 데이터 및 프로그램이다.

I. 먼저 K-평균 군집방법을 이용한 군집분석 데이터 및 프로그램이다. 다음 페이지에 출력과 이에 대한 해석을 기술하였다.

【군집분석을 위한 SAS 데이터의 일부】

	NUMBER	X1	X2	X3	X4	WT	KIND
1	1	5,1	3,5	1,4	0,2	768	setosa
2	2	4,9	3	1,4	0,2	768	setosa
3	3	4,7	3,2	1,3	0,2	768	setosa
4	4	4,6	3,1	1,5	0,2	768	setosa
5	5	5	3,6	1,4	0,2	768	setosa
6	6	5,4	3,9	1,7	0,4	768	setosa
7	7	4,6	3,4	1,4	0,3	768	setosa
8	8	5	3,4	1,5	0,2	768	setosa
9	9	4,4	2,9	1,4	0,2	768	setosa
10	10	4,9	3,1	1,5	0,1	768	setosa

【군집분석을 위한 데이터 입력 SAS 프로그램】

```
LIBNAME FISHER 'D:\다변량 통계분석\';
DATA FASTCLUS;
     SET FISHER.FISHER;
     TITLE 'DISCRIMINANT ANALYSIS OF FISHER (1936) IRIS DATA';
     LABEL X1='SEPAL LENGTH'    X2='SEPAL WIDTH'
           X3='PETAL LENGTH'    X4='PETAL WIDTH';
RUN;
```

분석에 사용되는 자료명은 FASTCLUS이며, 각각의 변수에 LABEL을 부여하였다.

【군집수를 결정하기 위한 주성분분석의 SAS 프로그램】

```
PROC PRINCOMP DATA=FASTCLUS OUT=A OUTSTAT=B;
     VAR X1 X2 X3 X4;
RUN;
PROC GPLOT DATA=A;
     PLOT PRIN2*PRIN1;
RUN;
```

위의 프로그램은 자료에 대해 주성분 분석을 실시한 후 제 1주성분과 제 2주성분의 PLOT을 그리는 프로그램이다.

【SAS 출력 I - 주성분분석)】

Simple Statistics

	X1	X2	X3	X4
Mean	5.890000000	3.064166667	3.795000000	1.191666667
StD	0.845889716	0.444536551	1.793960456	0.756216070

Correlation Matrix

		X1	X2	X3	X4
X1	SEPAL LENGTH	1.0000	-.1382	0.8662	0.8057
X2	SEPAL WIDTH	-.1382	1.0000	-.4569	-.3986
X3	PETAL LENGTH	0.8662	-.4569	1.0000	0.9659
X4	PETAL WIDTH	0.8057	-.3986	0.9659	1.0000

출력결과 I은 각 변수의 기초통계량을 보여주고 있다.

【SAS 출력 II】

Eigenvalues of the Correlation Matrix

	Eigenvalue	Difference	Proportion	Cumulative
1	2.93539770	2.04239128	[illegible]	0.7338
2	0.89300642	0.73847142	[illegible]	0.9571
3	0.15453500	0.13747413	0.0386	0.9957
4	0.01706087		0.0043	1.0000

Eigenvectors

	Prin1	Prin2	Prin3	Prin4
X1 SEPAL LENGTH	0.514095	0.402374	-.712656	-.256755
X2 SEPAL WIDTH	-.289316	0.912403	0.262289	0.122566
X3 PETAL LENGTH	0.579176	0.033473	0.148147	0.800929
X4 PETAL WIDTH	0.562634	0.067055	0.633545	-.526846

출력결과 II로 부터 첫 번째 주성분(PRIN1)와 두 번째 주성분(PRIN2)을 통해 95.71% 설명할 수 있음을 알 수가 있다. 좀 더 자세히 알아보기 위해 PRIN2*PRIN1에 대한 그래프를 그려보면 다음과 같다.

【SAS 출력 III - 그래프를 통한 군집의 수 결정】

DISCRIMINANT ANALYSIS OF FISHER (1936) IRIS DATA

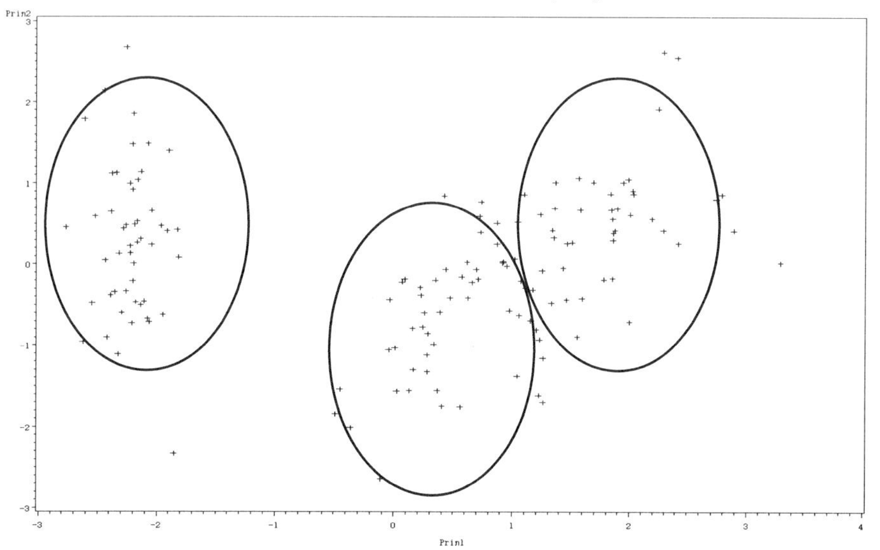

위의 그래프를 보면 대략 군집을 세 개로 정할 수 있음을 알 수가 있다.

【 k-평균 군집방법에 의한 군집분석을 위한 SAS 프로그램 】

```
PROC FASTCLUS DATA=FASTCLUS MAXCLUSTERS=3 MAXITER=10 OUT=FASTOUT;
    VAR X1-X4;
RUN;
PROC FREQ DATA=FASTOUT;
    TABLES KIND*CLUSTER;
RUN;
```

위의 주성분 분석을 통하여 군집을 세 개(MAXCLUSTERS=3)로 정하였고, 군집의 씨드(SEED) 값들을 다시 계산하는 데 필요한 최대반복회수를 10(MAXITER=10)으로 지정하였다.

【 SAS 출력 IV 】

```
                          Initial Seeds
 Cluster         X1            X2             X3             X4
----------------------------------------------------------------------
   1      7.700000000   3.800000000   6.700000000   2.200000000
   2      5.700000000   4.400000000   1.500000000   0.400000000
   3      4.900000000   2.500000000   4.500000000   1.700000000

   Minimum Distance Between Initial Seeds = 3.823611

                       Iteration History
                               Relative Change in Cluster Seeds
  Iteration    Criterion          1           2           3
----------------------------------------------------------------------
      1          0.6962        0.2968      0.3056      0.3101
      2          0.3698        0.0454           0      0.0276
      3          0.3652        0.0171           0     0.00984
          Convergence criterion is satisfied.
                    Criterion Based on Final Seeds =   0.3646

                       Cluster Summary
                          Max Dist
               RMS  Std   from  Seed    Radius  Nearest  Distance
Between
Cluster Freq       Dev     to Obs Exceeded Cluster Cluster Centroids
----------------------------------------------------------------------
  1     28      0.4046   1.3811                   3          1.8334
  2     40      0.2741   1.1685                   3          3.4519
  3     52      0.4107   1.6971                   1          1.8334
```

위의 결과를 보면 Initial Seeds에서 각각의 변수에 대해 초기값을 어떻게 설정했는지를 보여주고 있다. 또한 Iteration History로부터 반복 3번만에 군집이 이루어졌음을 알 수가 있다.

【SAS 출력 V】

```
                    Statistics for Variables
Variable     Total STD    Within STD      R-Square      RSQ/(1-RSQ)
--------------------------------------------------------------------
   X1        0.84589       0.46412        0.704015       2.378552
   X2        0.44454       0.32972        0.459091       0.848740
   X3        1.79396       0.41027        0.948577      18.446466
   X4        0.75622       0.23015        0.908931       9.980727
OVER-ALL     1.08435       0.36926        0.885984       7.770718
  Replace=FULL  Radius=0  Maxclusters=3 Maxiter=10  Converge=0.02

                             Pseudo F Statistic =   454.59
           Approximate Expected Over-All R-Squared =   0.63247
                       Cubic Clustering Criterion =   22.175
 WARNING:  The  two  values  above  are  invalid  for  correlated
variables.

                          Cluster Means
Cluster      X1              X2              X3              X4
--------------------------------------------------------------------
  1     6.932142857     3.071428571     5.878571429     2.071428571
  2     5.037500000     3.452500000     1.460000000     0.235000000
  3     5.984615385     2.761538462     4.469230769     1.453846154

                  Cluster Standard Deviations
Cluster        X1             X2             X3             X4
--------------------------------------------------------------------
  1       0.5319799296   0.3160604055   0.4661561834   0.2338995398
  2       0.3621074355   0.3609016487   0.1721656924   0.0975336891
  3       0.4940368389   0.3113247130   0.4984440345   0.2920257432
```

위의 결과는 비계층적 군집분석을 수행한 결과 각 군집과 변수에 대한 다양한 통계량을 정리해 놓은 것이다.

【SAS 출력 VI - 개체에 대한 군집의 할당】

Obs	NUMBER	X1	X2	X3	X4	WT	KIND	CLUSTER	DISTANCE
1	1	5.1	3.5	1.4	0.2	768	setosa	2	0.10482
2	2	4.9	3	1.4	0.2	768	setosa	2	0.47800
3	3	4.7	3.2	1.3	0.2	768	setosa	2	0.45220
4	4	4.6	3.1	1.5	0.2	768	setosa	2	0.56435
5	5	5	3.6	1.4	0.2	768	setosa	2	0.16729
					·				
					·				
					·				
116	116	7.7	3	6.1	2.3	1280	virgin	1	0.83426
117	117	6.3	3.4	5.6	2.4	1280	virgin	1	0.83254
118	118	6.4	3.1	5.5	1.8	1280	virgin	1	0.70780
119	119	6	3	4.8	1.8	1280	virgin	3	0.53510
120	120	6.9	3.1	5.4	2.1	1280	virgin	1	0.4813

위의 결과는 최종 군집의 수를 3으로 지정한 경우 각 개체가 어느 군집에 속하는 지를 보여 주고 있다.

【SAS 출력 VII - 분할표】

```
KIND(KIND)     CLUSTER(Cluster)

     Frequency|
     Percent  |
     Row Pct  |
     Col Pct  |       1|       2|       3|  Total
     ---------+--------+--------+--------+
     setosa   |      0 |     40 |      0 |     40
              |   0.00 |  33.33 |   0.00 |  33.33
              |   0.00 | 100.00 |   0.00 |
              |   0.00 | 100.00 |   0.00 |
     ---------+--------+--------+--------+
     versic   |      0 |      0 |     40 |     40
              |   0.00 |   0.00 |  33.33 |  33.33
              |   0.00 |   0.00 | 100.00 |
              |   0.00 |   0.00 |  76.92 |
     ---------+--------+--------+--------+
     virgin   |     28 |      0 |     12 |     40
              |  23.33 |   0.00 |  10.00 |  33.33
              |  70.00 |   0.00 |  30.00 |
              | 100.00 |   0.00 |  23.08 |
     ---------+--------+--------+--------+
     Total          28       40       52      120
                 23.33    33.33    43.33   100.00
```

위의 결과는 각 개체의 실제군집과 군집분석을 통하여 세 개의 군집으로 개체를 묶은 경우의 결과를 정리한 분할표이다. 군집 1은 붓꽃의 종류가 VIRGINICA이고, 군집 2는 붓꽃의 종류가 SETOSA이며, 군집 3은 붓꽃의 종류가 VERSICOLOR이다.

Ⅱ. **다음으로 Ward 방법을 이용한 군집방법을 이용한 군집분석 데이터 및 프로그램이다. 다음 페이지에 출력과 이에 대한 해석을 기술하였다. 자료는 앞서 최적분리 군집방법에서 사용한 자료와 같다.**

【WARD 방법에 의한 군집분석을 위한 데이터 입력 SAS 프로그램】

```
LIBNAME FISHER 'D:\다변량통계분석';
OPTIONS LS=80 PS=120;
DATA WARDC;
     SET FISHER.FISHER;
     LABEL X1='SEPAL LENGTH'
           X2='SEPAL WIDTH'
           X3='PETAL LENGTH'
           X4='PETAL WIDTH';
RUN;
```

【WARD 방법에 의한 군집분석 SAS 프로그램】

```
PROC CLUSTER DATA=WARDC METHOD=WARD OUTTREE=TREEOUT CCC RSQ PSEUDO
                     PRINT=10;
   VAR X1-X4;
   ID KIND;
RUN;
```

【SAS 출력 I】

Ward's Minimum Variance Cluster Analysis

Variable	Mean	Std Dev	Skewness	Kurtosis	Bimodality
X1	5.8900	0.8459	0.3144	-0.5672	0.4378
X2	3.0642	0.4445	0.3491	0.3252	0.3297
X3	3.7950	1.7940	-0.2764	-1.3953	0.6400
X4	1.1917	0.7562	-0.1566	-1.3599	0.5966

Eigenvalues of the Covariance Matrix

	Eigenvalue	Difference	Proportion	Cumulative
1	4.34635771	4.09115526	0.9241	0.9241
2	0.25520245	0.17324821	0.0543	0.9784
3	0.08195424	0.06216962	0.0174	0.9958
4	0.01978462		0.0042	1.0000

Root-Mean-Square Total-Sample Standard Deviation = 1.084355

Root-Mean-Square Distance Between Observations = 3.067018

Cluster History

NCL	-Clusters	Joined--	FREQ	SPRSQ	RSQ	ERSQ	CCC	PSF	PST2
10	CL38	CL12	12	0.0030	.961	.944	4.25	300	5.8
9	CL28	CL19	29	0.0034	.957	.938	4.36	311	20.7
8	CL16	CL15	14	0.0036	.954	.932	4.66	330	8.0
7	CL13	CL8	28	0.0047	.949	.923	4.96	352	9.0
6	CL22	CL7	38	0.0082	.941	.912	4.87	363	14.8
5	CL9	CL17	40	0.0098	.931	.897	5.08	389	33.5
4	CL14	CL10	28	0.0178	.913	.873	3.46	407	33.8
3	CL6	CL11	52	0.0273	.886	.827	4.02	455	40.0
2	CL3	CL4	80	0.1093	.777	.697	3.62	410	91.6
1	CL5	CL2	120	0.7767	.000	.000	0.00	.	410

위의 결과에서는 변수에 대한 여러 통계량이 제시되고 있다. 아울러 음영 부분을 보면 우리는 군집의 수를 세 개로 정할 수 있음을 알 수 있다.

【나무그림 그리기를 위한 SAS 프로그램】

```
PROC TREE DATA=TREEOUT;
     ID KIND;
RUN;
```

【SAS 출력 II】

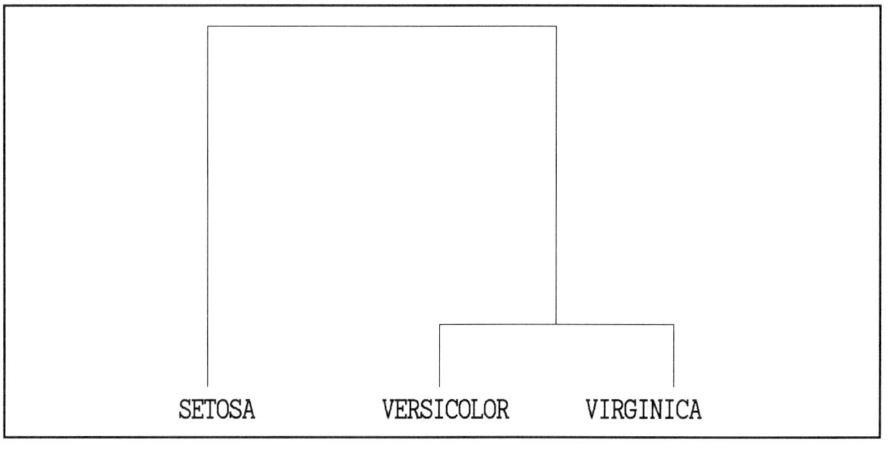

나무 그림을 통해서도 대략 3개로 군집을 나눌 수 있음을 알 수 있다.

【군집결과의 요약 SAS 프로그램】

```
PROC TREE DATA=TREEOUT OUT=TREEOUT1 NCLUSTERS=3;
     COPY X1-X4;
     ID KIND;
RUN;
PROC SORT DATA=TREEOUT1;
     BY CLUSTER;
RUN;
PROC PRINT DATA=TREEOUT1; RUN;
PROC MEANS DATA=TREEOUT1;
     CLASS CLUSTER;
RUN;
```

【SAS 출력 III - 군집의 요약1】

Obs	KIND	X1	X2	X3	X4	CLUSTER	CLUSNAME
1	setosa	5	3.4	1.5	0.2	1	CL5
2	setosa	5.1	3.4	1.5	0.2	1	CL5
3	setosa	4.9	3.1	1.5	0.1	1	CL5
4	setosa	4.9	3.1	1.5	0.2	1	CL5
5	setosa	5.1	3.5	1.4	0.2	1	CL5
			·				
			·				
			·				
41	virgin	6.4	2.8	5.6	2.1	2	CL4
42	virgin	6.4	2.8	5.6	2.2	2	CL4
43	virgin	6.5	3	5.5	1.8	2	CL4
44	virgin	6.4	3.1	5.5	1.8	2	CL4
45	virgin	6.8	3	5.5	2.1	2	CL4
			·				
			·				
			·				
116	versic	5.2	2.7	3.9	1.4	3	CL3
117	versic	6	2.2	4	1	3	CL3
118	virgin	6	2.2	5	1.5	3	CL3
119	virgin	6.1	2.6	5.6	1.4	3	CL3
120	virgin	4.9	2.5	4.5	1.7	3	CL3

【SAS 출력 III - 군집의 요약 2】

CLUSTER	Obs	Var	N	Mean	Std Dev	Minimum	Maximum
1	40	X1	40	5.0375000	0.3621074	4.3000000	5.8000000
		X2	40	3.4525000	0.3609016	2.9000000	4.4000000
		X3	40	1.4600000	0.1721657	1.0000000	1.9000000
		X4	40	0.2350000	0.0975337	0.1000000	0.5000000
2	28	X1	28	6.9321429	0.5319799	6.3000000	7.9000000
		X2	28	3.0714286	0.3160604	2.5000000	3.8000000
		X3	28	5.8785714	0.4661562	5.1000000	6.9000000
		X4	28	2.0714286	0.2338995	1.6000000	2.5000000
3	52	X1	52	5.9846154	0.4940368	4.9000000	7.0000000
		X2	52	2.7615385	0.3113247	2.0000000	3.4000000
		X3	52	4.4692308	0.4984440	3.3000000	5.6000000
		X4	52	1.4538462	0.2920257	1.0000000	2.4000000

출력결과 III는 각 군집에 대해 여러 가지 통계량을 보여 주고 있다. 위의 결과를 보면 군집 1은 제대로 다 분류되었고, 군집 2의 객체 중 12개가 군집 3으로 분류되었을 알 수 있다. 이 결과는 앞서 살펴본 최적분리 군집방법과 같다.

다음으로 군집과 변수와의 양상을 살펴보기 위해 PLOT을 그려보았다.

【군집결과의 그림 그리기를 위한 SAS 프로그램】

```
SYMBOL1 C=RED   V=PLUS;
SYMBOL2 C=BLUE  V=STAR;
SYMBOL3 C=BLACK V=SQUARE;
PROC GPLOT DATA=TREEOUT1;
     PLOT X1*(X2-X4)=KIND X1*(X2-X4)=CLUSTER;
RUN;
```

원래 자료에서의 KIND와 변수와의 PLOT과 군집분석에 대한 결과를 통해 군집과 변수와의 PLOT을 그려 보았다. 앞서 군집결과의 요약부분과 PLOT을 비교해 보면 군집이 어떻게 형성 되었는지를 대략 파악 할 수 있다.

【SAS 출력 IV - KIND에 대한 Plot X1*X2】

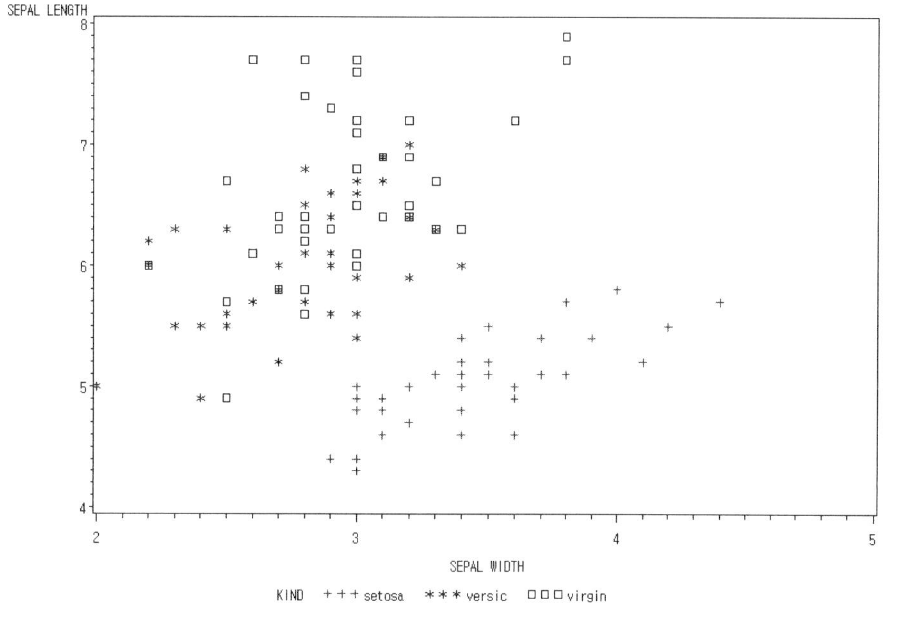

【SAS 출력 IV - KIND에 대한 Plot X1*X3】

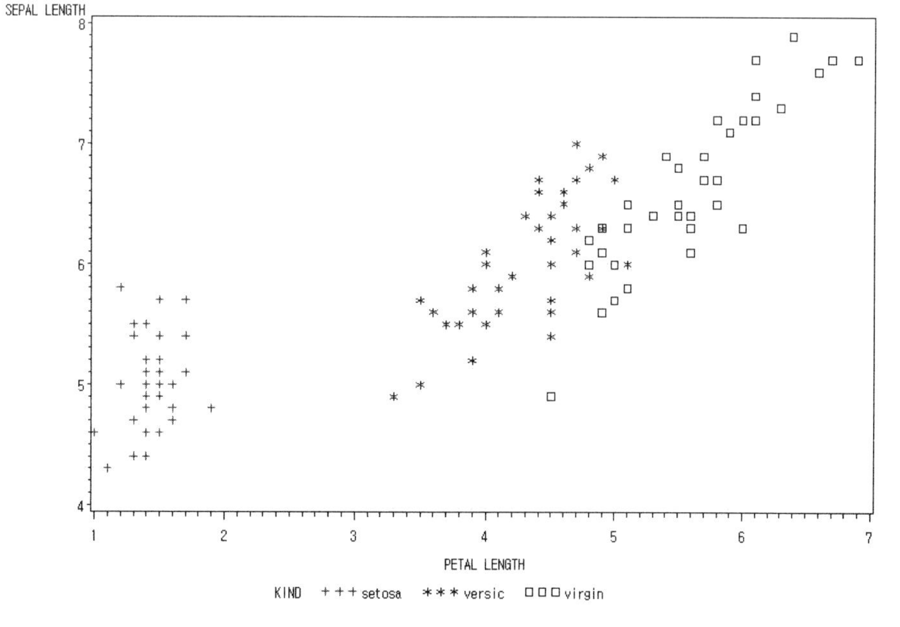

【SAS 출력 IV – KIND에 대한 Plot X1*X4】

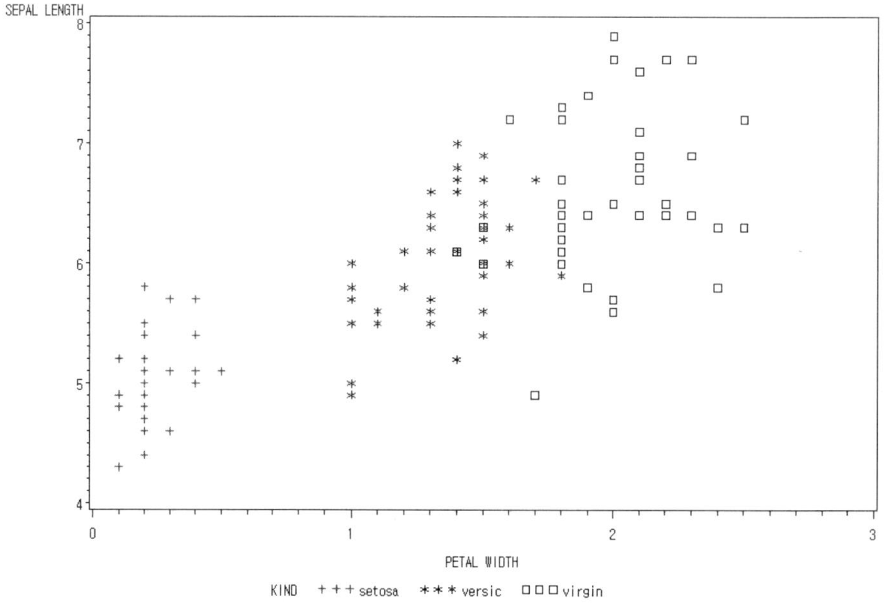

【SAS 출력 IV – CLUSTER에 대한 Plot X1*X2】

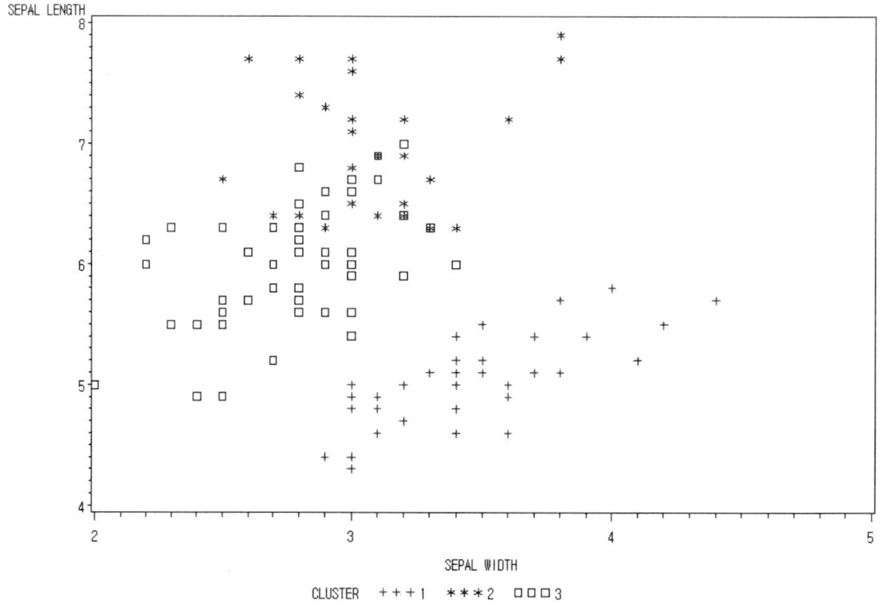

【SAS 출력 IV - CLUSTER에 대한 Plot X1*X3】

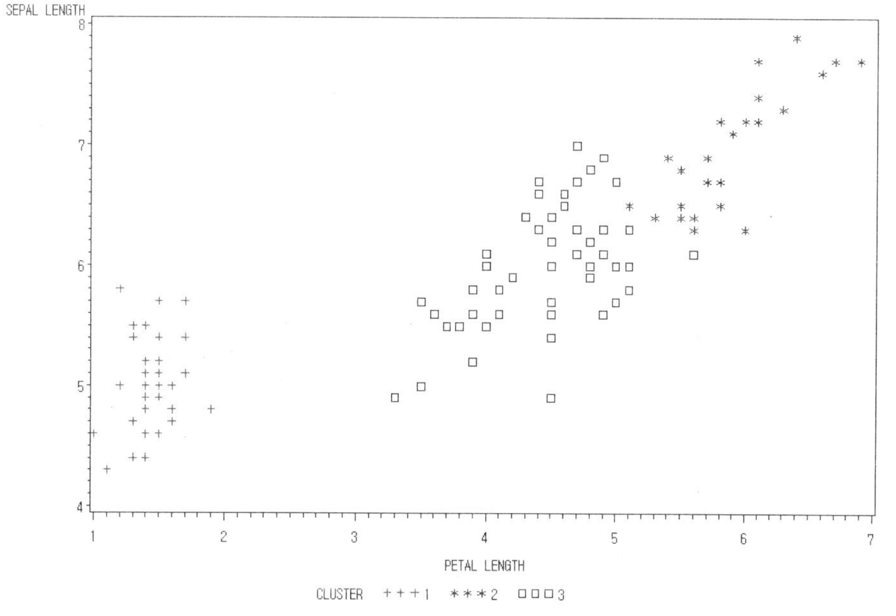

【SAS 출력 IV - CLUSTER에 대한 Plot X1*X4】

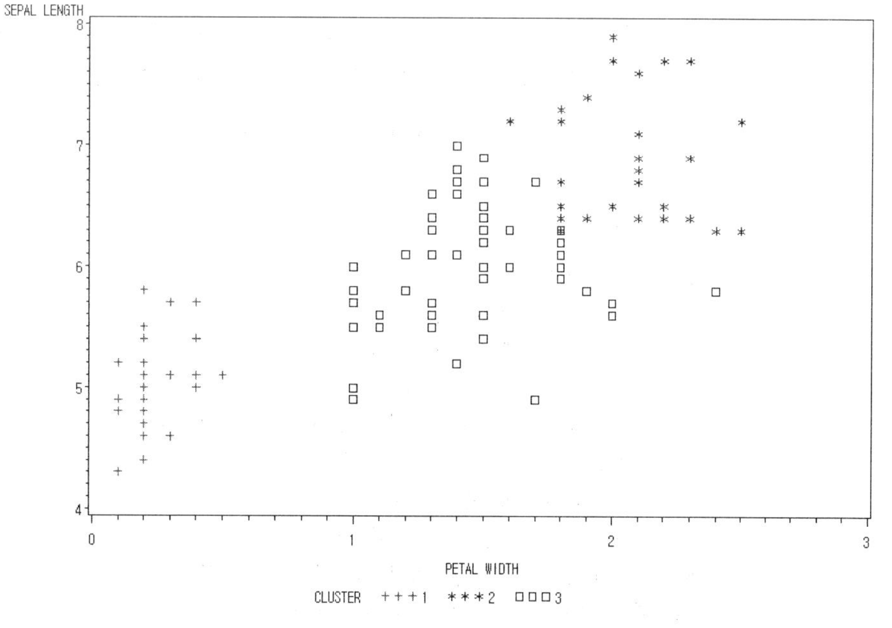

연습문제

1. 다음 자료는 (1) Eskimo, (2) Bantu, (3) English, (4) Korean 들의 대표본에서 혈액형 A_1, A_2, B, O에 대한 상대 유전인자 빈도수를 기록한 자료이다 (Cavalli-Sforza and Edwards, 1967). 각 집단들 사이의 유사성을 평가하기 위해, 이 자료에 대한 군집분석을 실시하라.

Blood groups	Populations			
	Eskimo	Bantu	English	Korean
A_1	0.2914	0.1034	0.2090	0.2208
A_2	0.0000	0.0866	0.0696	0.0000
B	0.0316	0.1200	0.0612	0.2069
O	0.6770	0.6900	0.6602	0.5723

2. 다음 자료는 1979년 동안 유럽의 26개 나라에서 각 분야에 고용된 퍼센트를 기록한 자료이다. 각 나라의 유사한 고용경향을 알아보기 위해 군집분석을 실시하라(출처: http://lib.stat.cmu.edu/DASL).

변수 설명 :

Country: 국가명
Agr: 농업분야에 종사하는 퍼센트
Min: 광산업분야에 종사하는 퍼센트
Man: 제조업분야에 종사하는 퍼센트
PS: power supply industries 분야에 종사하는 퍼센트
Con: 건설업분야에 종사하는 퍼센트
SI: 서비스업분야에 종사하는 퍼센트
Fin: 금융업분야에 종사하는 퍼센트
SPS: 사회 및 개인사업분야에 종사하는 퍼센트
TC: 운송 통신업분야에 종사하는 퍼센트

자료 :

Country	Agr	Min	Man	PS	Con	SI	Fin	SPS	TC
Begium	3.3	0.9	27.6	0.9	8.2	19.1	6.2	26.6	7.2
Denmark	9.2	0.1	21.8	0.6	8.3	14.6	6.5	32.2	7.1
France	10.8	0.8	27.5	0.9	8.9	16.8	6.0	22.6	5.7
W. Germany	6.7	1.3	35.8	0.9	7.3	14.4	5.0	22.3	6.1
Ireland	23.2	1.0	20.7	1.3	7.5	16.8	2.8	20.8	6.1
Italy	15.9	0.6	27.6	0.5	10.0	18.1	1.6	20.1	5.7
Luxembourg	7.7	3.1	30.8	0.8	9.2	18.5	4.6	19.2	6.2
Netherlands	6.3	0.1	22.5	1.0	9.9	18.0	6.8	28.5	6.8
United Kingdom	2.7	1.4	30.2	1.4	6.9	16.9	5.7	28.3	6.4
Austria	12.7	1.1	30.2	1.4	9.0	16.8	4.9	16.8	7.0
Finland	13.0	0.4	25.9	1.3	7.4	14.7	5.5	24.3	7.6
Greece	41.4	0.6	17.6	0.6	8.1	11.5	2.4	11.0	6.7
Norway	9.0	0.5	22.4	0.8	8.6	16.9	4.7	27.6	9.4
Portugal	27.8	0.3	24.5	0.6	8.4	13.3	2.7	16.7	5.7
Spain	22.9	0.8	28.5	0.7	11.5	9.7	8.5	11.8	5.5
Sweden	6.1	0.4	25.9	0.8	7.2	14.4	6.0	32.4	6.8
Switzerland	7.7	0.2	37.8	0.8	9.5	17.5	5.3	15.4	5.7
Turkey	66.8	0.7	7.9	0.1	2.8	5.2	1.1	11.9	3.2
Bulgaria	23.6	1.9	32.3	0.6	7.9	8.0	0.7	18.2	6.7
Czechoslovakia	16.5	2.9	35.5	1.2	8.7	9.2	0.9	17.9	7.0
E. Germany	4.2	2.9	41.2	1.3	7.6	11.2	1.2	22.1	8.4
Hungary	21.7	3.1	29.6	1.9	8.2	9.4	0.9	17.2	8.0
Poland	31.1	2.5	25.7	0.9	8.4	7.5	0.9	16.1	6.9
Rumania	34.7	2.1	30.1	0.6	8.7	5.9	1.3	11.7	5.0
USSR	23.7	1.4	25.8	0.6	9.2	6.1	0.5	23.6	9.3
Yugoslavia	48.7	1.5	16.8	1.1	4.9	6.4	11.3	5.3	4.0

참고문헌

[1] 강근석, 김충락 (1999), 회귀분석, 교우사.

[2] 김기영, 전명식 (1994), SAS 판별 및 분류분석 《改訂版》, 自由아카데미.

[3] 김기영, 전명식 (1997), 다변량 통계자료분석, 自由아카데미.

[4] 김종덕 (2000), SAS를 이용한 선형회귀분석, 自由아카데미.

[5] 성웅현 (1998), 응용 다변량분석, 탐진.

[6] 송문섭 외 3인 (1993), SAS를 이용한 통계자료분석 《改訂版》, 自由아카데미.

[7] 최용석 (2001), SAS 대응분석의 이해와 응용, 自由아카데미.

[8] 최용석 (2001), SAS를 활용한 응용 다변량 자료분석, 교우사.

[9] 최종후, 김차용 외 (2000), JMP를 이용한 통계분석, 교우사.

[10] 최종후, 전새봄, 진서훈 (2007), JMP를 이용한 주성분분석/인자분석, 교우사.

[11] 허명회 (1989), "대응분석의 이론과 응용", 應用統計(고려대학교 통계연구소) 4권 2호, 23-31.

[12] 허명회 (1999), 사회과학을 위한 다변량 자료분석, 自由아카데미.

[13] Cavalli-Sforza, L.L. and Edwards, A.W.F. (1967), Phylogenetic Analysis: Models and Estimation Procedures, *Evolution*, 21(3): 550-570.

[14] Greenacre, M. J. (1984), *Theory and Applications of Correspondence* Analysis, Academic Press, New York.

[15] Greenacre, M. J. and Hastie, T. (1987), "The geometric interpretation of correspondence analysis", *Journal of the American Statistical Association,* 82, 437-447.

[16] Jardine N. and Sibson R. (1968), The construction of hierarchic and non-hierarchic classifications, *The Computer Journal*, 11(2), 177-184.

[17] Johnson R.A. and Wichern D.W. (1988), *Applied Multivariate Statistical Analysis, 2nd edition,* Prentice-Hall International.

[18] Lubischew, A.A. (1962), On the use of discriminant function in taxonomy, *biometrics*, 18, 455-477.

[19] Morrison, D.F. (1990), *Multivariate Statistical Methods, 3rd edition,*

International Student Editions.

[20] SAS Institute (2007), "JMP-introductory Guide, Ver 7, Cary" SAS Institute Inc.

[21] SAS Institute (2007), "JMP-Statistics and Graphics Guide, Ver 7, Cary" SAS Institute Inc.

▌찾아보기▐

▌자▌

▌차▌

▌파▌

▌하▌

▌기타▌

최 종 후
고려대학교 이학박사(통계학 전공)
현재 고려대학교 정보통계학과 교수
E-mail : jhchoi@korea.ac.kr

〈주요저서〉
- SAS Enterprise Miner를 이용한 데이터마이닝 –기능과 사용법– (공저), 2000
- SAS Enterprise Miner를 이용한 데이터마이닝 –방법론과 활용– (공저), 2001
- AnswerTree 3.0을 이용한 데이터마이닝 예측 및 활용 (공저), 2002
- JMP 길잡이 (공저), 2004
- 고객관계관리(CRM)를 위한 데이터마이닝 방법론 (공저), 2006
- JMP를 이용한 주성분분석/인자분석 (공저), 2007

전 수 영
Texas A&M University 통계학박사(통계학 전공)
현재 고려대학교 정보통계학과 교수
E-mail : scheon@korea.ac.kr

〈주요저서〉
- 'Probability concepts and distributions for analyzing large biological data' in Statistical Bioinformatics (공저), 2010

JMP 통계분석 총서 ❺

JMP를 이용한 판별분석/군집분석

2012년 2월 20일 초판 인쇄
2012년 2월 25일 초판 발행

저 자 / 최종후 · 전수영
발행자 / 오판근
발행처 / 교우사

주 소 / 서울 동대문구 제기2동 148-19
전 화 / 925-2861(代), 편집부 / 925-2825
팩 스 / 925-2860

E–mail / kyowoo@kyowoo.co.kr
http://www.kyowoo.co.kr

등록 / 1994. 3. 24 제6-0256호

ISBN 978-89-8172-904-2 (94310)
978-89-8172-443-6 (세트)

값 8,000 원